ライブラリ 物理学グラフィック講義＝3

グラフィック講義
電磁気学の基礎

和田 純夫 著

サイエンス社

サイエンス社のホームページのご案内
http://www.saiensu.co.jp
ご意見・ご要望は　rikei@saiensu.co.jp　まで．

はじめに

　このライブラリは，高校で物理を履修していない読者を想定して執筆した．大学1，2年あるいは高専での教科書，参考書として利用していただくことを期待している．

　ページをめくっていただければすぐにわかるように，課題がたくさん並んでいる．といっても，決して問題集のようなものを意図したのではない．誰でももっているような基礎的知識を使って具体的な問題を考えながら，新しい知識を生み出していこうという手法である．まず自分で解こうとしてもいいし，（ちょっとだけ考えた後に）解答に進んでもいい．単に説明を読み続けるだけでは単調になりがちな思考に，めりはりを付けることが目的である．

　またグラフィック講義というタイトルを付けたが，図を重視した．単に図を示すというだけではなく，図中にできるだけ説明文を入れて，図を通しても理解していただきたいと考えた．黒板に書かれた図と文字というイメージで見ていただければと思う．

　この巻（電磁気）に限って言えば，水流モデルを導入に使ったこと，起電力や電池の具体的な働きを明確にしたこと，実用性を考え回路を比較的詳しく説明したことなどが特徴である．マクスウェル方程式や電磁波を重視する読者は5.2項から第7章へと読み進めることができる．電磁気といえばベクトルの微積分が難問だが，第7章を除けば難しい数式は極力，避けた．数式も重要だが，まず明確なイメージをもつことがどの分野でも重要である．

　私はすでに「物理講義のききどころ（全6巻）」（岩波書店）というシリーズを出版している．こちらも大学1，2年向きの教科書・参考書だが，高校での物理履修者向けに，ある程度高度な概念も積極的に取り上げて執筆した本である．これに対して今回のライブラリは，同じ大学向けでも全く違う方針で執筆してみた．「高校物理のききどころ（全3巻）」（共著・岩波書店）（高校物理としては多少高度な本）での経験も役に立った．今回のライブラリもそれなりの役割を果たせればと願っている．

2011年7月

和田純夫

目　次

第 1 章　電気入門　1

- 1.1　摩擦電気と電荷 ... 2
- 1.2　電荷の移動 ... 4
- 1.3　電流と電池 ... 6
- 1.4　水流モデル ... 8
- 1.5　電気エネルギー ... 10
- 1.6　消費電力 ... 12
- 1.7　オームの法則・ジュール熱 ... 14
- 1.8　電気関係の単位 ... 16
- 章末問題 ... 18

第 2 章　電場と電位　19

- 2.1　クーロンの法則 ... 20
- 2.2　電場と電気力線 ... 22
- 2.3　電場の例 ... 24
- 2.4　ガウスの法則 ... 26
- 2.5　ガウスの法則の応用 1 ... 28
- 2.6　ガウスの法則の応用 2 ... 30
- 2.7　電気エネルギーと電位 ... 32
- 2.8　平面電荷の電位 ... 34
- 2.9　平行平面電荷の電場と電位 ... 36
- 2.10　コンデンサーの力とエネルギー ... 38
- 2.11　導体と静電誘導 ... 40
- 章末問題 ... 43

目　次　iii

第 3 章　直流回路　47

- 3.1　導線内の電場とオームの法則 ... 48
- 3.2　回路の基本 ... 50
- 3.3　直列接続・並列接続 ... 52
- 3.4　電源の直列接続・並列接続 ... 54
- 3.5　キルヒホッフの法則 ... 56
- 3.6　キルヒホッフの法則の応用 ... 58
- 3.7　コンデンサー ... 60
- 3.8　過渡現象 ... 62
- 章末問題 ... 64

第 4 章　磁気現象の基本　67

- 4.1　磁気力と磁場 ... 68
- 4.2　磁気現象の基本法則 ... 72
- 4.3　磁石の性質の電流による説明 ... 74
- 4.4　磁場と磁気力の大きさ ... 76
- 4.5　アンペールの法則 ... 78
- 4.6　アンペールの法則の応用 ... 80
- 4.7　磁気力（ローレンツ力）... 82
- 4.8　磁気力を利用した発電 ... 84
- 4.9　発電機とモーター ... 86
- 章末問題 ... 88

第 5 章　電磁誘導と交流回路　91

- 5.1　電磁誘導 ... 92
- 5.2　磁気力による起電力との違い ... 94
- 5.3　自己誘導 ... 96
- 5.4　コイルと直流電源の回路 ... 98
- 5.5　交流 ... 100
- 5.6　コイルとコンデンサーの回路（LC 回路）... 102

目次

- 5.7 交流電源と抵抗・コイル・コンデンサー 104
- 5.8 複素電圧・複素電流 106
- 5.9 複素インピーダンス 108
- 5.10 共振回路 110
- 章末問題 112

第6章 物質の電気的・磁気的性質 　　　115

- 6.1 誘電分極 116
- 6.2 誘電率 118
- 6.3 磁性体 120
- 6.4 磁化電流 122
- 6.5 強磁性体と磁力線の閉じ込め 124
- 6.6 変圧器 126
- 6.7 相互インダクタンス 128
- 章末問題 131

第7章 マクスウェル方程式と電磁波 　　　133

- 7.1 波の形 134
- 7.2 電磁波の例 136
- 7.3 電場・磁場の4法則 138
- 7.4 微分で表す湧き出しの法則（発散密度） 140
- 7.5 微分で表す渦の法則（回転密度） 144
- 7.6 電磁波の存在 148
- 章末問題 150

付録A　ビオ-サバールの法則　　　153

付録B　内積・外積を使って書くマクスウェル方程式　　　154

付録C　誘電体と磁性体の理論　　　156

		v
応用問題解答		161
索　　引		173

●● SI単位系での諸単位 ●●

記号	それによって表される物理量	初出箇所
N（ニュートン）	力	1.8 項
J（ジュール）	エネルギー／仕事	1.8 項
W（ワット）	電力／仕事率	1.8 項
C（クーロン）	電荷／電気量	1.8 項
A（アンペア）	電流	1.8 項（4.4 項）
V（ボルト）	電圧／電位差／起電力／電位	1.8 項
Ω（オーム）	抵抗／抵抗値	1.8 項
F（ファラッド）	電気容量	3.7 項
T（テスラ）	磁場	章末問題 4.13
H（ヘンリー）	インダクタンス	章末問題 5.14 解答
Hz（ヘルツ）	周波数（電磁波の振動数）	章末問題 7.16

頻出記号表

記号	意味	初出箇所
V	電圧／電位差	1.6 項
I	電流	1.6 項
P	電力／消費電力	1.6 項
R	抵抗／抵抗値	1.7 項
$\mathscr{E}$ (イプシロン)	起電力	1.8 項
Q/q	電荷／電気量（1つの粒子がもつ電荷を表すときに q を使う）	1.8 項
k	クーロンの法則の係数（一般に定数を表すときも使う）	2.1 項
ε_0 (イプシロン)	真空の誘電率	2.1 項（6.2 項）
E	電場	2.2 項
λ (ラムダ)	電荷線密度	2.5 項
σ (シグマ)	電荷面密度	2.5 項
ρ (ロー)	電荷（体積）密度	2.6 項
ϕ (ファイ)	電位	2.7 項
C	電気容量　（閉曲線を表すときも使う）	2.9 項
τ (タウ)	（一般に過渡現象での）時定数	3.8, 5.4 項
μ_0 (ミュー)	真空の透磁率	4.4 項（6.4 項）
B	磁場	4.4 項
j	電流密度	4.6 項（面密度） 7.5 項（体積密度）
n	コイルの巻き数	4.6 項
Φ (ファイ)	磁束	5.1 項
L	インダクタンス	5.3 項
ω (オメガ)	（交流・電磁波では）角振動数	5.5 項
f	振動数（周波数）	5.5 項
$\tilde{\mathscr{E}}, \tilde{V}, \tilde{I}$	複素起電力，複素電圧，複素電流	5.8 項
Z	複素インピーダンス	5.9 項
k	（電磁波では）角波数／波数	7.1 項
div (ダイバージェンス)	発散／発散密度	7.4 項
rot (ローテーション)	回転／回転密度	7.5 項

第1章

電気入門

　摩擦電気（静電気）という現象は古くから知られていたが，その移動，つまり電流という現象が起こることがわかり，さらに電池という装置が発明され，電気の理論が発展した．電流は，引き離された正電荷と負電荷が引き付け合うことから生じる．これは，高い所に持ち上げられたものが，重力によって引っ張られる現象にたとえることができる．このたとえをモデル化したものが，電流の水流モデルである．回路を流れる電流を，水路を流れる水にたとえることで，電圧／電位差，電力，電気エネルギーといった概念を説明する．

- 摩擦電気と電荷
- 電荷の移動
- 電流と電池
- 水流モデル
- 電気エネルギー
- 消費電力
- オームの法則・ジュール熱
- 電気関係の単位

1.1 摩擦電気と電荷

異なる物質をこすり合わせると**静電気**が発生する，という現象は昔からよく知られていた．発生した電気が静止しているので静電気というが，摩擦によって生じた場合を**摩擦電気**ともいう．身近なものを使って実験してみよう．

> **実験** コンビニで渡されるレジ袋を2枚とティッシュペーパー（あるいはウールを多く含んだ布）を用意する．2枚のレジ袋をティッシュペーパーで強くこすり，並べてぶらさげる．レジ袋はどのように振る舞うか．またそのいずれかのレジ袋とティッシュペーパーをぶらさげる．どのように振る舞うか．
> **結果** 2枚のレジ袋は反発する．また，レジ袋とティッシュペーパーはくっつく．

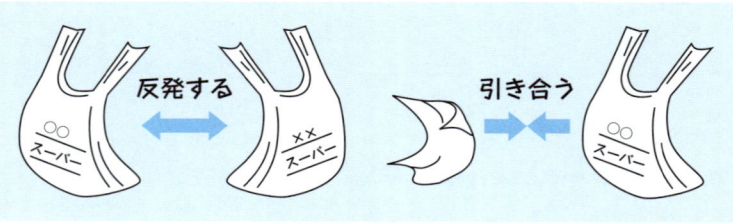

反発する場合と引き合う場合があることから，摩擦をしたときには2種類のものが発生していると想像された．レジ袋に発生したものをAと呼び，ティッシュペーパーに発生したものをBと呼ぼう．レジ袋どうしは反発し合うことから，Aどうしは反発し合うことがわかる．また，レジ袋とティッシュペーパーは引き合うので，AとBは引き合っていることになる．さらに，一方にAが発生したときには他方にBが発生しているのだから，AとBは，プラス（正）とマイナス（負）で表される（合わせると打ち消し合う）性質をもつとも想像された．

正負の電荷 20世紀初頭に原子というものの実体がわかり，これらの想像が正しかったことが証明された．物質はさまざまな原子の集団である．原子は，10の7乗分の1ミリメートル（0.0000001mm）程度の大きさの小さな粒子だが，

1.1 摩擦電気と電荷

それ自体が1つの粒子というわけではない．さらに小さな1つの**原子核**と，その周囲を動いている（一般に）複数個の**電子**からできている．原子核や電子は**電荷**と呼ばれる性質をもっており，それは正負の数字で表される．歴史的な経緯の結果，電子の電荷のほうがマイナス（負）とされている．

注 原子核の電荷のほうをマイナスとしてもよかったのだが，当時ガラスに発生する摩擦電気がよく研究されていたので，それを正としたのが発端であるらしい． ○

電荷はすべての電子で共通であり，それを $-e$ と書いたとしよう（e は，あるプラスの数）．電子が N 個ある原子の場合，原子核は $+Ne$（e の N 倍）の電荷をもっており，原子全体では電荷の合計はゼロになる．また，プラスの電荷をもつ粒子とマイナスの電荷をもつ粒子は引き付け合う．それが，原子核と電子が一緒になって原子になっている理由である．また，プラスどうし，あるいはマイナスどうしは反発し合う．

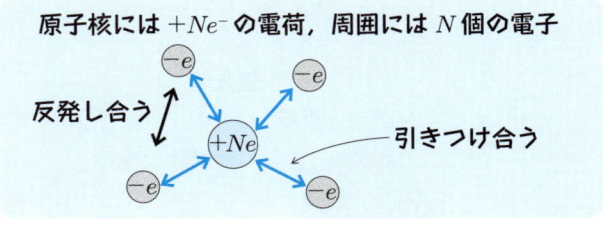

このような原子についての知識をもとに，摩擦電気を説明してみよう．違った種類の物質をこすった場合，原子核と電子の結合の強さの違いのため，電子の一部が一方の物質から他方の物質へと移動する．たとえばレジ袋とティッシュペーパーの場合は，レジ袋のほうに一部の電子が移動する．するとレジ袋の電荷は全体としてマイナスになる（負に帯電したという）．またティッシュペーパーのほうは電子が不足した状態になり，原子核の電荷が勝って，全体として電荷はプラスになる（正に帯電したという）．プラスとマイナスは引き合い，またプラスどうし，マイナスどうしは反発することを考えれば，冒頭の実験の結果を理解することができる．

1.2 電荷の移動

レジ袋やティッシュペーパーに発生した電荷は静止しているので静電気と呼ばれるが，このように発生した静電気も，状況次第では移動する．

> **実験1** レジ袋とティッシュペーパー（あるいはウール），そして料理用の金属製ボール，小さな蛍光灯の管（蛍光管，4ワット用）を用意する．まずレジ袋をティッシュペーパーで強くこすり，その上にボールを置く．そしてそれに，蛍光管を近づけるとどうなるだろうか．ボールを置かずに，レジ袋に直接，蛍光管を近づけた場合にはどうなるか．
>
> **結果** レジ袋に静電気が十分に発生している場合には，蛍光管がボールに接触する前に，管の先端とボールの間に火花がちって蛍光管が瞬間的に光る．十分に発生していなくても，管の先端がボールに接触した瞬間に蛍光管が光るのが見られる．しかしボールを置かずに，レジ袋に直接，蛍光管を近づけても，何も起こらない．
>
>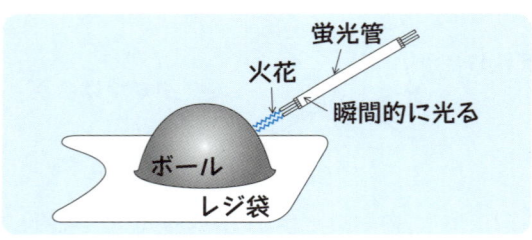

物質には，その中を電子が移動しやすいものと，移動しにくいものがある．移動しやすい物質を**導体**，しにくい物質を**絶縁体**といい，またその中間的な物質を**半導体**という．たとえば金属は導体である．人間の体も比較的電荷が移動しやすい導体である．金属の場合，その中の電子の一部が自由に移動できるようになっており，その電子を特に**自由電子**と呼ぶ．

これらの知識をもとに，上の実験結果の意味を考えてみよう．ボールも，蛍光管の先端も，金属製である．したがってその中の自由電子は自由に移動できる．

負に帯電したレジ袋の上にボールを置くと，レジ袋に発生していた過剰な電子がボールに移動し，それはボール内の自由電子となってボール全体に広がる

が，蛍光管を近づけると，それに引き付けられて集まる．なぜなら，一般に，先のとがった金属を近づけると，ボール上の過剰な電子の力のために，近づけた金属のほうで自由電子の移動が起こる．つまりボールに近い部分からは電子が少なくなり，正に帯電するがその結果，今度はボールの電子がそれに引かれて集まってくる．結局，ボールの負電荷と蛍光管の正電荷が互いに引き付け合って集まるという結果になる．

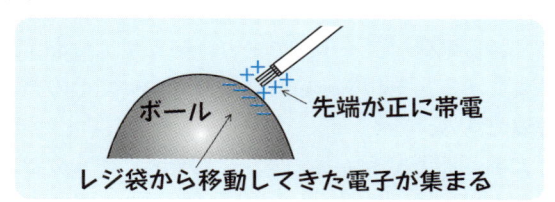

引き付けあう力が強いと，ボールから蛍光管に向けて電子が飛び出すという現象が起こる．これは放電と呼ばれ，そのときに火花が見られる．蛍光管側に移動した電子は，今度は蛍光管内部で放電を起こし，蛍光管を光らせる．ただしこのようなことが起こると，ボールからは過剰な電子がすぐになくなってしまうので，蛍光管が光るのも瞬間的な現象である．

実験2 実験1で，ボールを置いたあと，手のひらでボールをさわってから蛍光管を近づけるとどうなるか．
結果 蛍光管は光らない．ボールに生じた過剰な電子が人体を通って逃げてしまうからである（人体に含まれる水分の中に溶けている荷電粒子（イオン）が移動するという形で電荷が移動する）．

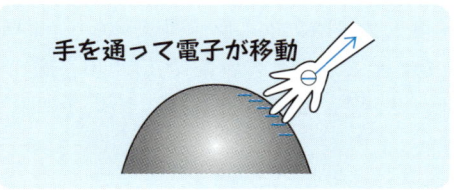

(1.1, 1.2 項の実験は，野呂茂樹氏のサイトを参考にさせていただいた (http://sky.geocities.jp/noroshigeki3/index.htm) ．)

1.3 電流と電池

　摩擦電気で蛍光管を光らせることはできるが，これは一瞬の現象である．一般に静電気は，火花を起こすこともできるので一見，強力のように思えるが，もっているエネルギーの量，あるいは関係する電子の数は，日常生活での電流と比べても大きなものではない．たとえば電灯をある程度の時間，光らせようとすれば，貯めてある電荷では不十分であり，絶えず電荷を発生させ供給するメカニズムが必要である．それを一般的に**電源**といい，その典型的なものが電池あるいは発電機である．

　電池にもさまざまなものがあるが，我々が日常的に使う乾電池は化学電池の一種である．摩擦電気では，手の力などによって電荷を発生させるが，化学電池では文字通り物質の化学反応によって電荷を発生させる．

　電池には正極（+）と負極（-）がある．正極と負極に導線を介して豆電球をつなげば豆電球は光り続ける．そもそも電池とは，負極に負の電荷（つまり電子過剰の状態）を作り出し，あるいは正極に正の電荷（つまり電子が不足した状態）を作りだす（あるいはその両方を行う）装置である．たとえば負極が電子過剰になった場合には，両極を導線でつなぐと，負極から過剰な電子が導線を通じて広がり，正極で吸収される．

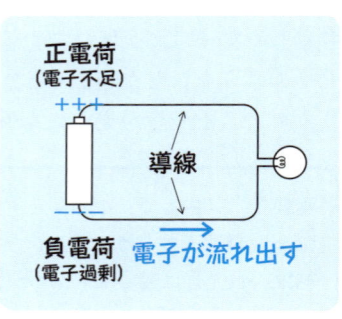

　このように実際は電子が負極から正極に向けて流れるのだが，まだそのようなことが知られていなかった頃からの習慣で（1.1 項参照），我々は正極から負極に向けて**電流**が流れる（正の電荷が流れる）と表現する．電流とは電気の流れという意味である．

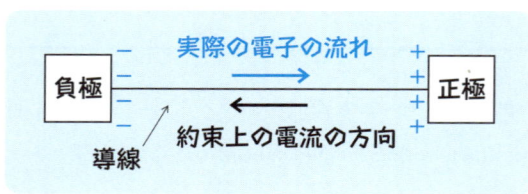

摩擦電気の場合と違うのは，負極から電子が流れ出て減れば，その分が電池から供給されることである．つまり電池の電子供給能力がなくなるまで，電流は流れ続ける．一般に，電源がその両極に，帯電した状態を発生させる能力のことを**起電力**という．

> **コラム** 電池の例

ボルタ電池：18世紀末に考えられた最も単純なタイプの電池．希硫酸水溶液に亜鉛と銅の板を入れたもの．亜鉛（Zn）が亜鉛イオン（正に帯電）になって溶けだし，亜鉛板に電子（e^- と書く）が残る．したがってそこが電子過剰状態になり，負極になる．電子は銅側に移動すると，溶液中の水素イオンに吸収され，水素ガスが発生する．

マンガン電池：（普通の電池）二酸化マンガン（MnO_2）に塩化亜鉛（$ZnCl_2$）水溶液を浸み込ませて練り炭素棒に巻く（これ全体が正極）．その周囲を，やはり塩化亜鉛水溶液を浸み込ませた紙（セパレーターという）で包み，亜鉛の筒（負極になる）に入れる（全体を保護するために鉄などで囲む）．やはり亜鉛の筒が電子過剰になる．正極側では水素イオンが電子を吸収し二酸化マンガンと化学反応を起こす．

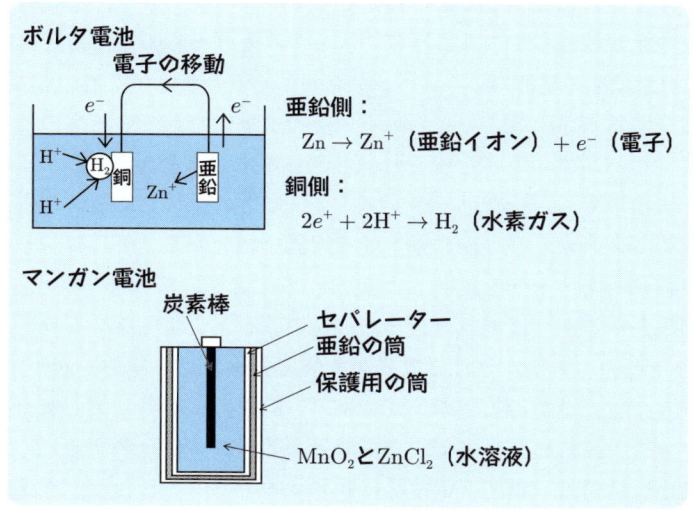

1.4 水流モデル

電気回路をわかりやすく説明するために，しばしば**水流モデル**というものが使われる．ポンプによってくみ上げられた水が重力によって下のタンクに流れ落ち，それがまたポンプによってくみ上げられるというモデルである．ポンプが電池に相当し，水は移動する電荷，そして水の流れが電流に相当する．

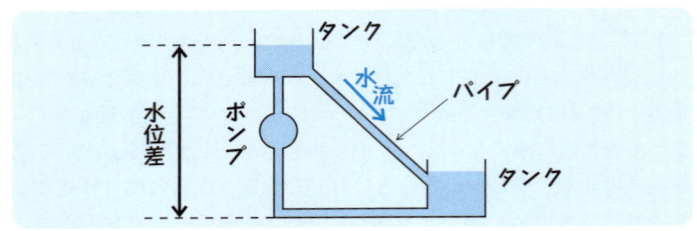

単に，ポンプによって水が循環するというだけでは漠然とした話なので，具体的にどのように循環するのかを指定しよう．まずポンプは，上のタンクに常に一定量の水が貯まっているように，水をくみ上げるものとする．上のタンクに貯まった水はその重さにより，パイプを通じて下のタンクに流れ落ちる．このとき，循環する水路のどこでも，ある一定の水量が流れているものとする（タンクの高さやパイプの太さを変えれば，流れる水量も変わるが）．下のタンクに落ちた水は，落ちた分だけ，ポンプによって上のタンクに運ばれる．

電気回路で使われる幾つかの基本的な用語を紹介する．そして，それが水流モデルの何に対応するかを説明しよう．

電源と起電力　電源とは電気（正負の電荷の分布）を発生させる装置．たとえば電池や発電機である．そして電源が電気を発生させる能力を起電力と呼ぶ．水流モデルで言えば電源とはポンプであり，起電力とはポンプの能力，つまりポンプが水をくみ上げる高さで決まる量となる（高さに比例する）．

電圧あるいは電位差　**電圧**と**電位差**は同じ意味である．これは，電源によって生じた電荷分布の，ある意味での強さを表す．電圧という言葉からは水圧，電位差という言葉からは水位差という言葉が連想される．水圧といった場合には，パイプの上下での水圧の差のことを意味し，水位差といった場合にはパイプの上下の高さの差を意味する．したがって両者は比例しており密接な関係にある

1.4 水流モデル

が，電圧／電位差とはその中間的な量に対応する．

ある高さでの水圧とは，それより上側にある水を支えるのに必要な圧力である．したがって水圧の差は，水位差に，水の密度（単位体積当たりの質量）を掛けたものに比例する（密度を ρ，水位差を h，重力加速度を g としたとき，水圧の差は $\rho g h$ である）．水の場合，密度 ρ はほぼ一定だが，電流では，単位体積当たりに含まれている電荷の量（電荷密度）は，導体の材質によって大きく変わる．導体の性質とは無関係な，電源だけで決まる量として定義するために，電圧／電位差を，ρ（密度）$= 1$ の場合の水圧に対応する量だと考える．したがって電圧／電位差を大きくするとは，タンクの高さを増すことだと考えてもいいが，重力の大きさ g を増やすことだと考えてもよい．

起電力と電圧／電位差の関係　起電力と電位差は密接な関係にある．ポンプにより水がくみ上げられるので水圧の差が生じるのと同様に，電池の起電力により正負の電荷が電池の両極に発生するので電位差が生じる．

起電力とは電源（つまりポンプ）がもつ性質だが，電源の内部では起電力の働きと電位差の働きは，向きが逆であることに注意しよう．これは水流モデルで考えればすぐにわかる．ポンプは水を上にくみ上げるので，起電力は水を下から上に持ち上げようとする．一方，水位差は重力により水を下に落とそうとする．

起電力の働きと電位差の働きは逆向きで大きさは等しい，つまりつり合っているので，ポンプ（電源）の中で水は一定の速さで動く（合力がゼロならば物体は等速運動をする $\cdots$ 慣性の法則）．といっても，もしポンプの内部での流れに抵抗力が働く場合には，それに打ち勝つために起電力のほうが電位差よりも少し大きくなければならない．したがって起電力の大きさは，電流が流れていない（つまり抵抗が働いていない）ときの電位差の大きさに等しい．これが起電力の大きさの定義である．

乾電池が 1.5V（ボルト）という場合，これは起電力の大きさを表しているが，この乾電池によって生じる両極間の電位差（電圧）にほぼ等しい．ただし今も述べたように，乾電池内部には小さいが抵抗があるので，電流が流れているときには電圧は 1.5V よりもやや小さくなる（3.2 項の内部抵抗の説明を参照）．

1.5 電気エネルギー

物体は，高い位置にあるとき，位置エネルギーと呼ばれるエネルギーをもっている．落下する物体は落ちるにつれ位置エネルギーを減らし，その代わりに加速されるので運動エネルギーをえる．つまり位置エネルギーが運動エネルギーに転換し，エネルギー全体は一定である（エネルギー保存則）．

しかし水流モデルでは，水はパイプの中を一定の速さで流れる．水はふくらんだり縮んだりしないので，パイプの太さが一定で空気などが入り込まないならば，水は一定の速さで流れなければならない．そのため運動エネルギーは増えないが，代わりに（特に下のタンク内で）熱エネルギーが発生し，それは水の周囲にも広がる．位置エネルギーが減った分だけ熱エネルギーが増え，全体としてエネルギーが保存する．位置エネルギーが熱エネルギーに転換したという．

注意 水が 1 メートル落下し下の容器にたまり，位置エネルギーの減少分だけ熱エネルギーが増えた場合，水の温度は 0.0023 度上昇する．約 400 m の落下で 1 度である．これは水の熱容量（比熱）から計算できるが，詳しくは第 4 巻を参照．　　○

このようにパイプを流れ落ちた水の位置エネルギーは減少するが，ポンプによって絶えず，位置エネルギーをもった水が上のタンクに供給される．つまりエネルギーの転換は，下の図のように行われている．

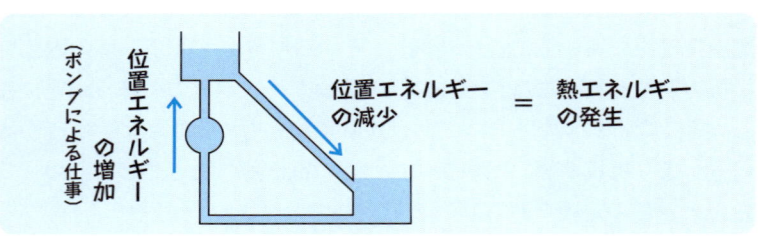

次に，電気回路におけるエネルギーの増減について考えてみよう．たとえば電池に豆電球をつなげた場合，豆電球は光や熱を発生させる．つまり光のエネルギーや熱エネルギーが発生している．それは何のエネルギーが転換したものだろうか．

水流モデルとの類推で考えれば，流れる前の電荷には何らかの位置エネルギー

があり，それが光や熱のエネルギーに転換したと考えられる．実際，正電荷と負電荷が分離した状態には，その状態に固有のエネルギーがある．これらの電荷は互いに引き合っているのだから，引き離すには仕事が必要だったはずだからである．

　地上で重力に逆らって物体を持ち上げる場合にも仕事が必要であり，重力による位置エネルギーは，持ち上げるのに必要な仕事（＝力×距離）に等しい量として定義される．それと同様に，正負の電荷が分離した状態を作るのには仕事が必要であり，その仕事に等しい量として「電気力による位置エネルギー」，略して**電気エネルギー**というものが定義される．

　摩擦電気の場合，生じていた電荷が移動し（放電），その過程で光や熱が発生すると電気エネルギーは消滅する．一方，電源がつながっている回路の場合には，電荷が流れて光や熱が発生するが，常に電荷は電源から補給されている．つまり電源で電気エネルギーが常に生成され，それが光や熱のエネルギーに転換され続ける．

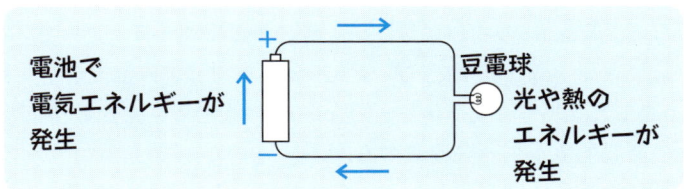

　電源は，エネルギーの点からいえば常に電気エネルギーを生成する装置ということになるが，電気エネルギーを生成するためには，さらにその元となるエネルギーがなければならない．たとえば乾電池の場合には，乾電池内での化学反応により電荷が提供されている．つまり乾電池を構成する物質自体のエネルギー（化学エネルギーという）が，電気エネルギーの元にある．

　電源が発電機である場合には，発電機を動かすために使われるエネルギーが，電気エネルギーの元になる．たとえば手回し発電機の場合には，手が行う仕事が電気エネルギーに転換される．その転換のメカニズムについては発電機の内部構造を知らなければならない．それについてはまた第4章で解説する．

1.6 消費電力

　回路の中で，電気エネルギーが他のエネルギー（熱，光，力学的エネルギーなど）に転換される部分を一般に**負荷**という．それは電球だったり，電熱器のニクロム線だったり，あるいは何かの装置のモーターだったりする．それらと電源を結ぶ導線も多少の熱を発生しており，負荷の一部である．

　負荷は，その目的よって電球（光を出すもの）や電熱器（熱を出すもの）といった名前が付くが，単に負荷を与え，それによって電流の流れを抑制すること自体が目的のものもあり，**抵抗**あるいは**抵抗器**と呼ばれる．抵抗器は，電気を比較的通しにくいさまざまな金属（合金）で作られる．

　電気エネルギーは電源で生成され，負荷で消費されて他のエネルギーに転換される．それを数式で表すことを考えよう．この項ではそれを，水流モデルとの対応を使って考える．

　水流モデルでのエネルギーの量を数式で表してみよう．まず力学の基本の復習をしておく．質量 m の物体には，g を重力加速度として，下向きの重力 mg が働く．したがって高さが h だけ異なる場合，重力による位置エネルギーの差は mgh である（仕事 $= mg \times h$）．質量 m の物体が高さ h だけ落下した場合，これだけの位置エネルギーが消滅する．

　話を簡単にするために，ここでは水が流れ落ちるパイプは垂直に立っている場合を考える（斜めだとしても結果は同じだが）．流れ落ちる水の速さを v，パイプの全長を l，パイプの面積を S とし，水の単位体積当たりの質量を ρ と書く．まず，次の量を計算しよう．

> **課題** 次の量を，上記の記号を使って表せ．
> (a) 水流の大きさ（パイプの，ある部分を単位時間に通る水の質量）
> (b) 単位時間に消滅する位置エネルギー
> (c) パイプの上下での水圧の差
>
> **解答** (a) 単位時間に水は v だけ動くのだから，通過する水の体積は vS．したがってその質量は $\rho v S$．
> (b) 上記の公式 mgh を使う．パイプ内の全水量は Sl．その質量は $\rho S l$ であり，

これが m になる．それが単位時間に v だけ落下するのだから，h は v になる．したがって消滅する位置エネルギーは $(\rho S l)gv$．

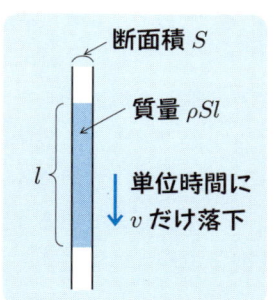

注意　水が下のタンクにつけばそこで落下は終わるが，その分，上のタンクから新たに落下が始まるので，全体が v だけ落下するのと同じことになる．
○

(c)　質量 m に働く力は mg である．したがって，パイプの下の部分が，その上にあるすべての水を支えるために必要な力は（パイプの上の部分にもかかっている気圧を除いて），$mg = \rho S l g$．圧力とはそれを面積 S で割ったものだから，水圧の差は $\rho l g$．

上の解答を電気回路に置き換えよう．電圧を V，電流を I とし，単位時間に負荷で消費される電気エネルギーの量を P（**電力**あるいは**消費電力**という）とする．対応関係は，

　　電圧　V　⇔　$\rho = 1$ としたときの水圧の差：(c) より lg
　　電流　I　⇔　水流：(a) より $\rho v S$
　　電力　P　⇔　単位時間に消滅する位置エネルギー：(b) より $(\rho S l)gv$

水流モデルのほうに

$$\text{単位時間に消滅する位置エネルギー}(\rho S l g v)$$
$$= \{\rho = 1 \text{のときの水圧の差}(lg)\} \times \{\text{水流}(\rho v S)\}$$

という関係がある．流れる水の量，水位の差が大きいほど消費するエネルギーも大きい．したがって，電気回路のほうにも

$$\boxed{\begin{array}{c}\text{電力} = \text{電圧（電位差）} \times \text{電流} \\ P = V \times I\end{array}} \tag{1}$$

という関係があることが推定される．単位時間にこれだけのエネルギーが，熱，光，あるいは力学的な仕事として放出されるのである（2.7 項も参照）．

1.7 オームの法則・ジュール熱

　電力は電圧と電流から計算されることがわかった．では電圧と電流はどのように決まるだろうか．電圧の大きさは，つないだ電源によって決まる．電流の大きさのほうは，電源ばかりでなく，つないだ負荷にも関係する．負荷の種類によってさまざまであるが．まず，多くのケースで近似的に成り立つ，オームの法則というものを説明しよう．

　一般に，電圧 V が大きいときは（圧力が大きいのだから），大きな電流 I が流れると予想される．もし電圧と電流が比例関係にあるとすれば，比例係数を R（定数）として

$$電圧 = R \times 電流 \quad (つまり V = RI)$$

と書ける．R は各負荷の性質を表す量である．この比例関係を**オームの法則**というが，オームの法則が成り立つ負荷も，成り立たない負荷もある．

　R の意味は

$$電流 = \frac{1}{R} \times 電圧$$

と書いたほうがわかりやすい．負荷の R が大きいときは，同じ電圧でも電流は小さい．つまりこの負荷は電流が流れにくい．逆に R が小さければ，この負荷は電流が流れやすい．つまり R は，流れに対する抵抗力の大小を表す．その意味で，R のことを抵抗値，あるいは単に抵抗または電気抵抗という．R は resistance（抵抗）の頭文字である．

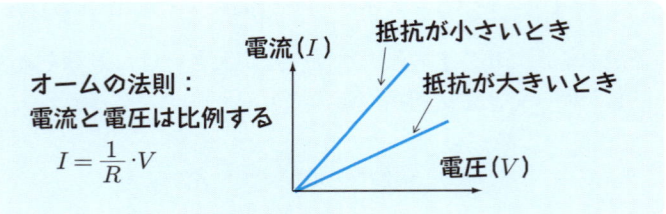

注　前項で，電流の流れを抑制する装置のことを抵抗器，あるいは抵抗と呼ぶと説明した．一方，上の抵抗 R は，抵抗器など負荷の程度を表す量である．たとえば，

「この抵抗の抵抗は1オームである」と言ったとすれば，これは，「この抵抗器の抵抗値は1オームである」という意味になる（オームとは抵抗値の単位だが，次項で定義する）．
○

オームの法則が近似的にでも成り立つ物質は多い．特に抵抗器は，オームの法則ができるだけ精密に成り立つ物質が使われる．オームの法則を電力の公式（前項の式 (1)）に代入すれば

$$P = (RI) \cdot I = RI^2$$

となる．単位時間当たり，これだけの電気エネルギーが消費されるということだが，すべてが熱エネルギーになったとすれば，発生する熱は流れる電流の2乗と抵抗の大きさに比例することになる．これを**ジュールの法則**といい，19世紀中ごろにイギリスのジュールによって，実験的に見出された．

抵抗の大きさは物質，そして負荷の形状による．導線の場合，長さに比例して大きくなり，断面積に反比例して小さくなる（3.1項参照）．

また，導体の場合，温度が上昇すると抵抗は大きくなる．高温になると導体中の原子の運動が激しくなるので，電子が通りにくくなると考えればよい．したがって，電流が大きくなると温度が急上昇するような負荷（特に電球）では，抵抗値が電流に大きく依存する，つまりオームの法則が成り立たなくなる．

電球の場合の，電流と電圧の関係の例を以下に示す．電流（電圧）が大きくなると発生する熱が増えるので，抵抗が大きくなる．

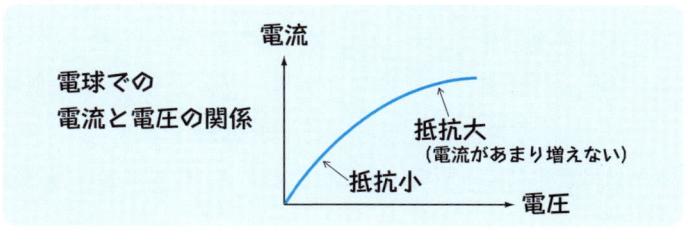

また半導体（1.2項）の場合は，温度が上がると逆に抵抗は小さくなる．半導体では元々，自由電子の数が少ないが，温度が上がると電子の動きが活発になり，自由に動ける電子の数が増えるからである．

1.8 電気関係の単位

　これまで，電気関係の幾つかの量を導入してきた．それらを表すために使われる記号とともにまとめてみよう．

電荷／電気量（Q あるいは q）：物体あるいは粒子がもつ電気的な性質の大きさを表す量（このような性質をもつ粒子（荷電粒子）自体のことを電荷ということもある）．

電流（I あるいは i）：電荷の流れの大きさを表す量（流れ自体を電流ということもある）．正確に言えば，電気回路のある場所を流れている電流とは，その場所を単位時間に通過する電荷の量（電気量）である．

電力（P）：単位時間に電源が供給する電気エネルギーの量．回路の負荷において単位時間に消費される（他のエネルギーに転換される）電気エネルギーの量に等しい．

電力量：消費された電気エネルギーの総量．電力量 = 電力 × 時間．

起電力（E あるいは $\mathcal{E}$）：電流が流れていないときに電源がその両極間に発生させることのできる電位差

電圧／電位差（V）：電流を流そうとする圧力を表す量．$P = V \times I$．

抵抗／抵抗値（R）：R = 電圧 ÷ 電流（オームの法則が成り立つ場合には定数）．

　次に，これらの量の単位について考えてみよう．力学で登場する物理量は，長さ（m，メートル），時間（s，秒），質量（kg，キログラム）の 3 つの基本単位を使って表された（詳しくは第 2 巻参照）．たとえば力の単位 N（ニュートン）やエネルギーの単位 J（ジュール）は，この 3 つの組合せで表される組立単位である．運動方程式で力が質量 × 加速度に等しいことから，N は

$$1\,\mathrm{N} = 1\,\mathrm{kg} \times 1\,\mathrm{m/s^2} = 1\,\mathrm{kg\,m/s^2}$$

またエネルギーは仕事によって増減するものであり，仕事は力 × 距離に等しいので，その単位 J は

$$1\,\mathrm{J} = 1\,\mathrm{N} \times 1\,\mathrm{m} = 1\,\mathrm{Nm} = 1\,\mathrm{kg\,m^2/s^2}$$

　次に，上でリストアップした量について単位を考えよう．電力量はエネルギーの量なので，単位は J である．電力は W（ワット）という単位を使う．これはエネルギーを時間で割ったものだから，

1.8 電気関係の単位

> 電力： $1\,\mathrm{W}$（ワット）$= 1\,\mathrm{J} \div 1\,\mathrm{s} = 1\mathrm{J/s}$

ここまでは力学で使った単位ですんだが，他の量については電磁気学独自の基本単位を導入する．まず電荷／電気量（単位は C（クーロン））と電流（単位は A（アンペア））について説明しよう．この 2 つは密接な関係にある．次の定義を見ていただきたい．

「$1\,\mathrm{C}$ とは，ある場所に $1\,\mathrm{A}$ の電流が流れているとき，単位時間（1 秒）にそこを通過する電気量を意味する．つまり $1\,\mathrm{C} = 1\,\mathrm{A} \times 1\,\mathrm{s} = 1\,\mathrm{As}$」

「ある場所に流れている電流が $1\,\mathrm{A}$ であるとは，そこを通過する電気量が単位時間（1 秒）あたり $1\,\mathrm{C}$ であることを意味する．つまり $1\,\mathrm{A} = 1\,\mathrm{C} \div 1\,\mathrm{s} = 1\,\mathrm{C/s}$」

これはどちらも正しいが，片方が決まれば他方が決まるということを言っているに過ぎない．まずいずれか一方を，先に独自に定義しなければならない．それはどちらでもいいのだが，電気量よりも電流の量のほうが微調整が容易であるという理由で，$1\,\mathrm{A}$ という量が，ある現象（電流間の引力）を使って定義される．これについては 4.4 項で説明する．

注 電子 1 つの電気量の絶対値をよく e と書き，**電気素量**と呼ぶ．その値は

$$e = 1.602 \times 10^{-19}\,\mathrm{C}$$

である．したがって電気量 $1\,\mathrm{C}$ は電子約 6.2×10^{18} 個分に相当する．これは約 10^5 分の 1 モルである（1 モルは約 6.0×10^{23} 個 $\cdots$ アボガドロ数）． ○

電圧／電位差の単位は V（ボルト）である．これは電圧そのものに使われる記号 V と同じだが，単位のほうは立体の活字を使うので，混乱することはないだろう．$P = VI$ という関係より

> 電圧： $1\,\mathrm{V}$（ボルト）$= 1\,\mathrm{W} \div 1\,\mathrm{A} = 1\,\mathrm{W/A}$

最後に，抵抗の単位は Ω（オーム）である．これは抵抗の定義より

> 抵抗： $1\,\Omega$（オーム）$= 1\,\mathrm{V} \div 1\,\mathrm{A} = 1\,\mathrm{V/A} = 1\,\mathrm{W/A^2}$

これらの単位に M（メガ），k（キロ），m（ミリ），μ（マイクロ）といった字を加えると，それぞれ 100 万倍，1000 倍，1000 分の 1，100 万分の 1 となる．

復習問題

以下の [ ] の中を埋めよ（解答は下）．

□**1.1** 通常の物質中では，電子の [①] の電荷と原子核の [②] の電荷が打ち消し合っている．しかし，たとえば電子が過剰になると，その物質は [③] に帯電することになる．

□**1.2** 正に帯電している物体の近くに金属棒の先端を近づけると，その先端には [④] の電荷をもつ [⑤] が引き付けられて集まる．

□**1.3** 電池の正極と負極を導線でつなぐと，[⑥] にたまっていた電子が [⑦] に向けて流れだす．このとき，電流が [⑦] から [⑥] に流れたという．

□**1.4** 水流モデルのポンプは電気では [⑧] に対応し，水流は [⑨] に，水圧は [⑩] すなわち [⑪] に，ポンプの能力は [⑫] に対応する．

□**1.5** 電源によって [⑬] エネルギーが発生し，それが負荷で消費されて光や [⑭] のエネルギーが発生する．電源が乾電池である場合，電気エネルギーの元となったものは [⑮] エネルギーである．

□**1.6** 負荷で単位時間当たりに消費される電気エネルギーを，その負荷が必要とする [⑯] という．[⑯] は，[⑰]×[⑱] に等しい．

□**1.7** 多くの導体では電流と電圧が比例する．これを [⑲] の法則という．この法則が成り立っているとき，導線での発熱量は，流れている電流の 2 乗に比例する．これを [⑳] の法則という．

□**1.8** (a) 電荷／電気量の単位は [㉑] といい，[㉒] という記号で表す．
(b) 電流の単位は [㉓] といい，[㉔] という記号で表す．
(c) 電力の単位は [㉕] といい，[㉖] という記号で表す．
(d) 電位差／電圧の単位は [㉗] といい，[㉘] という記号で表す．
(e) 抵抗の単位は [㉙] といい，[㉚] という記号で表す．

復習問題の解答

① 負，② 正，③ 負，④ 負，⑤ （自由）電子，⑥ 負極，⑦ 正極，⑧ 電源，⑨ 電流，⑩ 電圧，⑪ 電位差，⑫ 起電力，⑬ 電気，⑭ 熱，⑮ 化学，⑯ 電力（消費電力），⑰ 電圧（電位差），⑱ 電流，⑲ オーム，⑳ ジュール，㉑ クーロン，㉒ C，㉓ アンペア，㉔ A，㉕ ワット，㉖ W，㉗ ボルト，㉘ V，㉙ オーム，㉚ Ω

第2章

電場と電位

　正電荷と負電荷は引き付け合う．その力の大きさを表すのがクーロンの法則である．しかし，電荷は直接引き付け合っているのではなく，空間に広がる電場というものを通して力を及ぼし合っていると考えられるようになった．電場は正電荷から湧き出し，負電荷に吸い込まれるように発生し，その量はガウスの法則というもので決まる．電場の広がりを見やすく表現するものが電気力線である．また電場を地面にできた坂の傾きにたとえたとき，坂の高低を表す量が電位である．

クーロンの法則
電場と電気力線
電場の例
ガウスの法則
ガウスの法則の応用1
ガウスの法則の応用2
電気エネルギーと電位
平面電荷の電位
平行平面電荷の電場と電位
コンデンサーの力とエネルギー
導体と静電誘導

2.1 クーロンの法則

電荷にはプラスとマイナスのものがある．同符号の電荷どうしは反発し合い，異符号の電荷どうしは引き付け合う．また，距離が近いほど，この力（**電気力**と呼ぼう）は大きくなる．このあたりまでは摩擦電気の実験から想像できることだったが，具体的に電気力の大きさや方向はどのような数式で表されるだろうか．

引力の場合にしろ反発力の場合にしろ，

「力の大きさは距離の **2** 乗に反比例し，各電荷の電気量の積に比例する」

ことを実験により確かめたのはクーロンである（18 世紀末）．

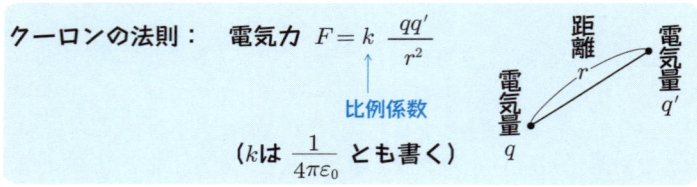

電気量 q, q' の単位を C（クーロン），距離 r の単位を m（メートル），そして力 F の単位を N（ニュートン）で表すとすると，比例係数の値は

$$k = \frac{1}{4\pi\varepsilon_0} \fallingdotseq 9.0 \times 10^9 \,\mathrm{N\,m^2/C^2}$$

である．

上の**クーロンの法則**の式は，力の方向についての情報も含んでいることに注意．もし q と q' の符号が同じだったら，それがプラスとプラスの場合も，マイナスとマイナスの場合も，F はプラスになる．これが反発力の場合に相当する．一方，片方がプラスで他方がマイナスの場合には，F はマイナスになる．つまり力は逆方向になるので，電気力は引力になる．

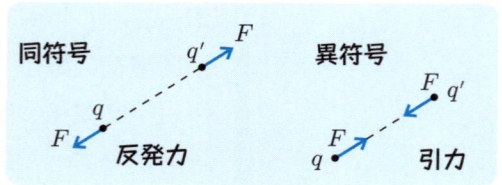

2.1 クーロンの法則

課題 1 1 C の電気量をもち,1 m 離れている 2 つの電荷の間に働く電気力は,約何 kg の質量の物体に働く重力に等しいか.
考え方 質量 m の物体に働く重力は mg. ただし重力加速度 g は約 $10\,\text{m/s}^2$.
解答 クーロンの法則の q, q', r それぞれに 1 を代入すると,ただちに
$$F \simeq 9.0 \times 10^9\,\text{N}$$
質量 m の物体にこれと同じだけの重力 F が働くとすれば
$$m = \frac{F}{g} \simeq 9.0 \times 10^9\,\text{N} \div 10\,\text{m/s}^2 \simeq 9.0 \times 10^8\,\text{kg}$$

1 C というのは電子の個数でいえば,アボガドロ数(1 モル)の 10^5 分の 1 程度に過ぎない(1.8 項).この程度の電気量の電気力でも,非常に重い物体に働く重力に等しくなる.しかし通常の物質はプラスとマイナスの電荷をほぼ同量含んでおり,引力と反発力が打ち消し合って,電気力が感じられない.

摩擦電気などで発生している電気量は,1 C よりもかなり小さい.そこで一般の静電気における電気量に対しては,μC(マイクロ・クーロン)($1\,\mu\text{C} = 10^{-6}\,\text{C}$)という単位が使われる.

課題 2 課題 1 で 2 つの電気量がどちらも $1\,\mu\text{C}$ である場合には,どうなるか.
解答 課題 1 の答えの 10^{-6} の 2 乗倍(10^{-12} 乗倍)になる.したがって
$$m \simeq 9.0 \times 10^8\,\text{kg} \times 10^{-12} = 0.9\,\text{g}$$

課題 3 水素内での原子核(陽子 1 つ)と電子の距離は,平均 $0.5 \times 10^{-10}\,\text{m}$ 程度である.この距離でのこの 2 粒子の間に働く電気力の大きさを求めよ.
考え方 陽子の電気量 $= -$電子の電気量 $\simeq 1.6 \times 10^{-19}\,\text{C}$(1.8 項)
解答
$$F \simeq (9.0 \times 10^9) \times (1.6 \times 10^{-19})^2 \div (0.5 \times 10^{-10})^2\,\text{N}$$
$$= (9.0 \times 1.6 \times 1.6 \div 0.5 \div 0.5) \times 10^{-9}\,\text{N} \simeq 0.9 \times 10^{-7}\,\text{N}$$
(ちなみにこれは,この 2 粒子間に働く万有引力よりも 40 桁大きい).

2.2 電場と電気力線

19世紀中頃になり，後に物理学で中心的な役割を果たすようになる新しい概念が誕生した．場という考え方である．

クーロンの法則では（そして第2巻で説明した万有引力の法則でも同じだが），力は2つの物体の間で，直接，働きあうという見方がされていた．それに対して新しい見方では，力は空間に広がる場というものを介在して伝達すると考える．たとえば電気力の場合には**電場**というものを考える．

具体的に説明しよう．まず，空間のある位置に1つの電荷Aがあったとする．すると，その周囲の空間全体に，電場というものが生じると考える．そしてその空間に別の電荷Bを持ち込むと，電荷Bには，それが存在する位置にできていた電場から力を受けると考える．電場は電荷Bを持ち込む前からそこに存在するとみなされていることに注意（電荷Bを持ち込めば，それによる電場も生じるが，電荷Bは自分の電場からは力を受けない．電荷が自分の電場からどのような影響を受けるかは，電荷自体の構造が関係する難しい問題だが，少なくともいずれかの方向に自分を動かそうとする力にはならない）．

電場の働きを式で表してみよう．通常，電場は E と記す．ある位置に電荷 q があると，そこから r だけ離れた位置に電場 $E(r)$

$$E(r) = k\frac{q}{r^2} = \frac{1}{4\pi\varepsilon_0}\frac{q}{r^2} \qquad (1)$$

ができる．その位置に別の電荷 q' を持ち込むと，この電場 $E(r)$ に比例する力 F を受ける．

$$F = q'E(r) \qquad (2)$$

式(1)の $E(r)$ を式(2)に代入すればクーロンの法則そのものになる．つまりクーロンの法則の式を，E という記号を使って2つに分けたに過ぎないとも言える．しかし後の章でわかるように，この考え方は電磁気学に大きな発展をもたらした．

力には大きさばかりでなく方向がある．つまり力は大きさと方向をもつ量，すなわちベクトルである．電荷 q が原点にある場合，電荷 q' が受ける力の方向は，原点から離れる方向である（q と q' が同符号のとき）．電荷 q' をさまざま

な位置に置いたときの力の方向を下に図示する．このような場合に，力は放射状であるという．

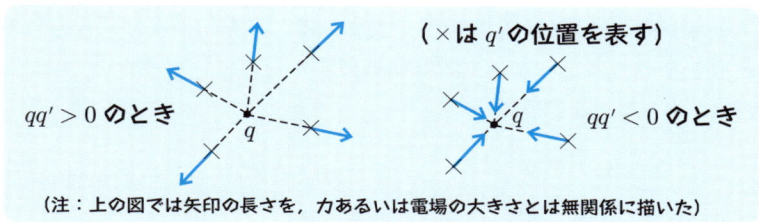

式 (1) は E の大きさを表しているだけだが，電場にも方向を考える（電場もベクトルだと考える）．電場の向きとは，式 (1) で $q > 0$ だったら外向き，$q < 0$ だったら内向きとする．電場も放射状になり，上の図では $q > 0$ だったら左図，$q < 0$ だったら右図の矢印が，各位置での電場の方向も表している．方向まで考えたとき，式 (2) はベクトル E を q' 倍することを意味し，$q' > 0$ だったら F の向きは E と同じ，$q' < 0$ だったら F は E とは逆向きになる．

各点での電場の矢印をつなげた線を**電気力線**という．電場の方向が電気力線の方向でもある．

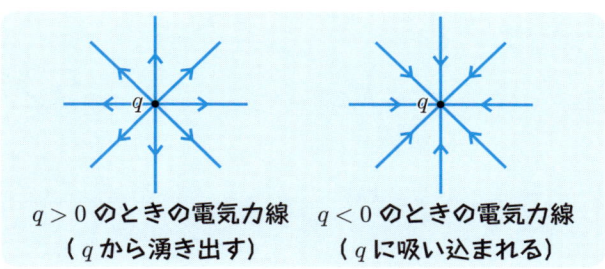

このようなことが考えられ始めた当時，電気力線とは空間に実在する何かを表していると主張されたこともあったが，現在ではそうは考えられていない．電気力線は，空間全体での電場の様子をわかりやすくするためのものに過ぎない．では電場自体は何であるか．それは難しい問題だが，とりあえず，空間各点がもつ性質を表す量だ考えればよい．

2.3 電場の例

方向をもつ量（ベクトル）を数値で表すには，各方向の成分（各方向への射影）を示さなければならない．話を簡単にするために，平面上のベクトル（2次元のベクトル）$\boldsymbol{a}$ を考えると

$$\boldsymbol{a} = (a_x, a_y)$$

というように書ける．習慣に基づき，ベクトルは太文字，各成分は普通の字で表す．$\boldsymbol{a}$ の大きさを a とすれば

$$a_x = a\cos\theta, \qquad a_y = a\sin\theta$$

である．ただし θ は図に記されている角度である．

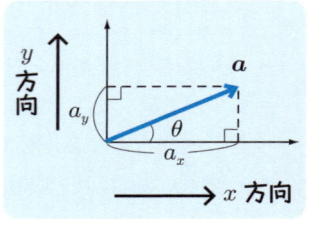

> **課題1** xy 平面の原点 O に電荷 q があったとする．座標 (x, y) で表される点 A での電場の大きさ E，および各成分 (E_x, E_y) を求めよ．
>
> **解答** OA の距離 $\sqrt{x^2 + y^2}$ を r とすると，前項の式 (1) より
>
> $$E = k\frac{q}{r^2}$$
>
> 成分は，それに $\cos\theta$ および $\sin\theta$ を掛けたものだから
>
> $$E_x = k\frac{qx}{r^3}, \qquad E_y = k\frac{qy}{r^3}$$
>
> まとめると
>
> $$\boldsymbol{E} = (E_x, E_y) = k\frac{q}{r^3}(x, y)$$
>
>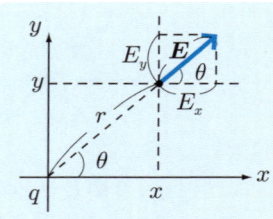
>
> $$E_x = E\cos\theta = \frac{x}{r}E$$
> $$E_y = E\sin\theta = \frac{y}{r}E$$

次は，2 つの電荷による電場を合成することを考える．それぞれの電荷による電場をベクトル的に足すのだが，x 成分，y 成分それぞれについて足せばよい．ベクトルの合成は図に描けば平行四辺形の対角線を求める問題になる．

課題2 点 P$(0,d)$ と点 Q$(0,-d)$ にそれぞれ電荷 q と $-q$ がある.点 $(0,0)$,点 $(0,r)$,および点 $(r,0)$ での電場を方向を含めて求めよ.

考え方 $q>0$ として説明せよ.電荷 q による電場は電荷から出ていく方向,電荷 $-q$ による電場は電荷に向かう方向を向く.

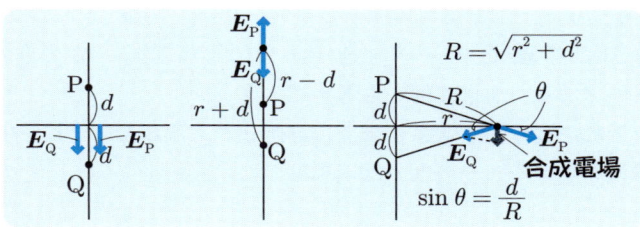

解答 点 $(0,0)$ の電場:各電荷による電場を $\boldsymbol{E}_P$,$\boldsymbol{E}_Q$ とすると,どちらも下向きだから,全体も下向き($-y$ 方向).大きさは,一方の電荷による電場の 2 倍になる.すなわち,$E_x=0$ であり

$$E_y = -2k\frac{q}{d^2}$$

点 $(0,r)$ の電場:P の電荷による電場は上向き,Q の電荷による電場は下向きだが,P のほうが近いから,合成電場は上向きになる.すなわち,$E_x=0$ であり

$$E_y = k\frac{q}{(r-d)^2} - k\frac{q}{(r+d)^2} = k\frac{q}{(r-d)^2(r+d)^2} \times 4dr$$

点 $(r,0)$ の電場:$\boldsymbol{E}_P$,$\boldsymbol{E}_Q$ を合成すると下向き($-y$ 方向)になることは図からわかる.各電荷までの距離 $\sqrt{r^2+d^2}$ を R と書くと,$E_x=0$ であり

$$E_y = -2k\frac{q}{R^2}\sin\theta = -2k\frac{qd}{R^3}$$

同じ大きさの正負の電荷が少しだけずれた状態になっているものを**電気双極子**という.電気双極子が作る電気力線を右に示す.電気力線は,正電荷から湧き出し,負電荷に吸い込まれる.

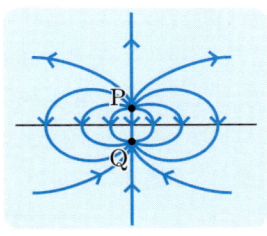

2.4　ガウスの法則

電気力線の図からもわかるように，電場は電荷から湧き出す（あるいは吸い込まれる）流れのように考えられる．2.2 項最後の図で $q>0$ のときは電場は湧き出し，$q<0$ だったら電荷に吸い込まれている．

電場の湧き出しの総量，あるいは吸い込みの総量を決めるのが**ガウスの法則**と呼ばれる法則である．簡単な例から考えてみよう．

電荷 1 つとそれを取り巻く球面　原点に電荷 q があるとし，それを中心とする半径 r の球面を考える．球面上では電場は面に垂直に出ていく．その総量を計算すると

$$\text{球面から出ていく電場の総量} = \text{球面上の電場の大きさ} \times \text{球面の面積}$$
$$= k\frac{q}{r^2} \times 4\pi r^2 = 4\pi k q = \frac{q}{\varepsilon_0}$$

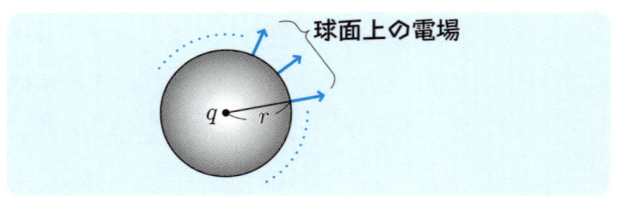

最後に $k = \frac{1}{4\pi\varepsilon_0}$ であることを使った．ε_0 という記号を 2.1 項で導入したのは，この答えの形を簡単にするためである．

上の答えで重要なのは，球面の半径 r が分子と分母で打ち消し合って，結果が r に依存しないことである．つまり電荷 q から出ていく電場の流れは，途中で消えることも増えることもなく，その総量は遠方に行っても変わらない．中心の電荷の大きさだけで決まる．遠方に行けば電場自体の大きさは減るが（逆 2 乗の法則），それは電場が放射状に広がっているためであって，電場の総量を考えれば遠方でも変わらない．これがガウスの法則の一番簡単な例である．

このことは球面ばかりでなく，歪んだ面を考えても変わらない．電荷 q から出ていく電場の総量は，その電荷 q を完全に取り囲んでいる面（閉曲面という）であれば，どのような面で計算しても $\frac{q}{\varepsilon_0}$ になる（証明はしないが章末問題 2.16

を参照）．ただし，「面から出ていく成分」を考えることが必要である．たとえば，電場が面に対して斜め方向を向いている場合もあるだろう（下の図）．そのときは，電場の，面に対して垂直な成分だけを足し合わせなければならない．

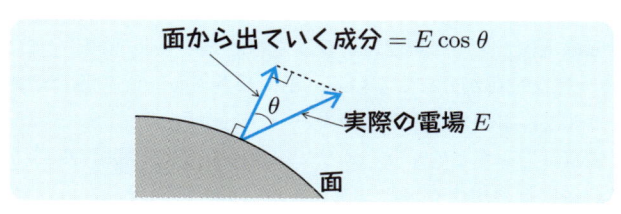

面から出ていく成分 $= E\cos\theta$
実際の電場 E
面

また電場が面の中に入っていく場合には，出ていく電場はマイナスであると考える．左ページの例で $q < 0$ だったら，出ていく電場の総量はマイナスである．電荷が面の外部にある場合には，「出ていく電場」の総量はゼロになる．それは下の図からわかるように，電荷から出た電場（電気力線）は，いったん外から面の内部に入り（マイナス），また出ていく（プラス）からである．

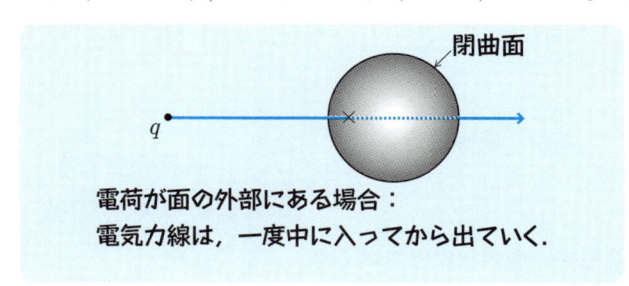

閉曲面
q

電荷が面の外部にある場合：
電気力線は，一度中に入ってから出ていく．

さらに，電荷が複数あり，それをすべて囲む閉曲面があったとしよう．合成電場の，面から出ていく成分は，合成する前の各電場の，面から出ていく成分の合計に他ならない．したがって，合成電場の出ていく成分の総量は，合成前の各電場の，出ていく成分の総量の合計に等しい．また，もしこの閉曲面の外部に電荷があったら，上で説明したように，出ていく電場の総量はゼロである．結局，次の法則が成立することになる．

> **ガウスの法則：**
> ある領域を囲む面から出ていく電場の総量 $= \dfrac{その領域内部の電荷の総量}{\varepsilon_0}$

2.5 ガウスの法則の応用 1

課題 1 （直線電荷）上下に無限に延びる直線があり，その直線上には，線密度 $\lambda\ (>0)$ の一様な電荷が分布している（単位長さ当たり λ の電荷があるということ）．この直線の周囲の電場を求めよ．

考え方 まず電気力線がどのように延びているかを考えて電場の向きを決めた上で，ガウスの法則を適用する．

解答 電気力線はこの直線から垂直に，上下には曲がらずまっすぐに延びる．なぜなら，直線は上下に無限に延びているのだから，上方向と下方向に差はないからである．つまり電場は，直線を中心として水平面上を放射状に広がる．

また電場の大きさは，直線からの距離（r とする）だけで決まる．方向にはよらないはずである．なぜならこの直線を軸として全体を回転させても何も変わらないのだから（軸対称あるいは回転対称であるという），方向によって電場の大きさが変わる理由がないからである．したがって，電場の大きさは r の関数として $E(r)$ と記せる．

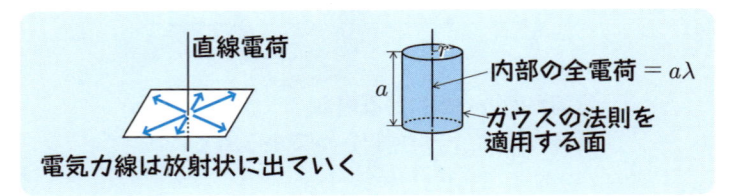

図のように，この直線を中心軸とする，半径 r, 長さ a の円筒を考える．電場はこの円筒の側面からのみ，垂直に出て行く．円筒内部の領域を囲むためには，円筒の上下の面も必要だが，そこでは面から出ていく成分はゼロである．したがって

$$\text{円筒から出ていく電場の総量} = E(r) \times \text{側面積} = 2\pi r a E(r)$$

ガウスの法則によれば，これが円筒内の全電荷 $a\lambda$（= 電荷密度 × 長さ）を ε_0 で割ったものに等しい．つまり $2\pi r a E(r) = \frac{a\lambda}{\varepsilon_0}$ だから

$$\text{直線電荷の電場：} \quad E(r) = \frac{1}{2\pi\varepsilon_0}\frac{\lambda}{r}$$

距離に反比例することが特徴である．このことは，電気力線が平面内で放射状に広がっていることからも明らかである（円周は半径に比例して大きくなるので，電場は半径に反比例して薄まる）．

課題2 （平面電荷）水平方向に無限に広がる平面があり，その平面上には，面密度 σ（> 0）の一様な電荷が分布している（単位面積当たり σ の電荷があるということ）．この平面の上下における電場を求めよ．

解答 電気力線はこの平面から，左右には曲がらずに，上下にまっすぐ延びていく．平面は左右に無限に延びているため，左方向と右方向には差がないからである．つまり電場は，常に鉛直方向を向いている．また上下が対称なので，電場は上下で方向は逆だが大きさは変わらない．電気力線は広がらないので，電場は遠方に行っても弱まらないとも推定されるが，このことはガウスの法則から証明しよう．

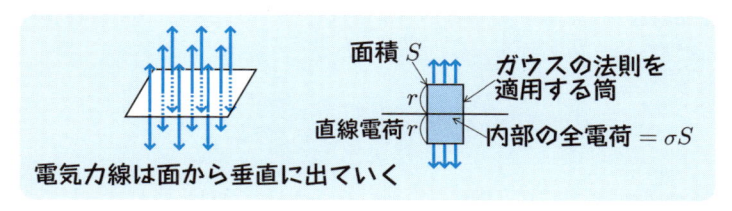

電場の大きさを求めるには，この平面から上下に同じだけ（r とする）伸びる筒を考える（円筒であってもなくてもよい）．筒の上底面と下底面（面積 S）はこの平面に平行だとする．この筒の側面では，電場は面に平行なので出ていかない．また，上底面から（垂直に）出ていく電場と下底面から出ていく電場は等しいので，それを $E(r)$ と記すと，

$$\text{両底面から出ていく電場の総量} = 2 \times E(r) \times S$$

ガウスの法則によれば，これが筒内部の全電荷 σS（$=$ 電荷密度 $\times$ 面積）を ε_0 で割ったものに等しい．すなわち

$$\text{平面電荷の電場：} \quad E(r) = \frac{\sigma}{2\varepsilon_0}$$

となる．$E(r)$ と書いたが，予想通り，距離 r にはよらずに一定である．

2.6 ガウスの法則の応用2

課題1 （球面電荷）半径 a の球面（荷電球面と呼ぶ）上に，電荷 Q (>0) が一様に分布している．球面内外の電場を求めよ．

考え方 荷電球面と中心が同じ球面を考えて，それにガウスの法則を適用する．

解答 電荷の配置が球対称なのだから，電気力線は荷電球面から放射状に延びるだろう．r を球面の中心からの距離とすると，電場は r だけで決まるはずなので（球対称だから），$E(r)$ と書く．

球面外部（$r > a$）の電場：半径 r の球面を考えると，電場は放射状なのだから球面に垂直である．したがって

$$\text{球面から出ていく電場の総量} = E(r) \times \text{球面の面積} = 4\pi r^2 E(r)$$

ガウスの法則によればこれが球面内の全電荷 Q を ε_0 で割ったものに等しい．つまり $4\pi r^2 E(r) = \frac{Q}{\varepsilon_0}$ だから

$$\text{荷電球面外部の電場：} \quad E(r) = \frac{1}{4\pi\varepsilon_0}\frac{Q}{r^2}$$

これは点状の電荷 Q が原点にある場合のクーロンの法則そのものである．

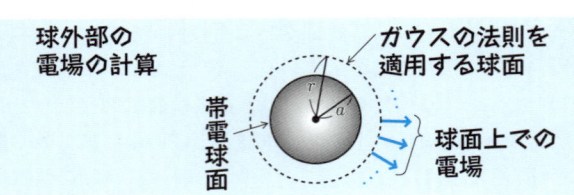

球面内部（$r < a$）の電場：荷電球面内部に半径 r の球面を考える．この球面内部には電荷はないので，ガウスの法則から $4\pi r^2 E(r) = 0$ であり，結局

$$\text{荷電球面内部の電場：} \quad E(r) = 0$$

この結果は直観的にも理解できる．もしこの荷電球面の内部にも電場があるとすれば，電気力線は球面から中心に向かって延びているはずである．しかし電気力線

は負の電荷がない限り消滅することはないので，中心に集まった電気力線の行き先がない．したがって荷電球面内部には電気力線は延びず，そこでは $E=0$ である．

解答の中でも指摘したように，荷電球面の外部では，すべての電荷が中心に集中している場合と電場は変わらない．このことは，電荷が面上にある場合に限らない．電荷が球の内部全体に分布していたとしても，電荷分布が球対称である限り，つまり中心からの距離のみによって決まっており方向に依存しない限り，外部の電場は点状の電荷の場合と変わらない．

課題 2 （球対称な電荷）以上のことを証明せよ．
解答 電荷分布が球対称であることから電場は放射状であり，$E(r)$ と書ける．すべての電荷を囲む球面を考えて，それにガウスの法則を適用すると，課題 1 と同様に $4\pi r^2 E(r) = \dfrac{Q \,(\text{全電荷})}{\varepsilon_0}$ となり，同じ結果が得られる．

電荷が球対称に分布しており，その球の中心部に，電荷が存在しない球状の空洞があったとすると，その空洞内には電場が存在しないことも，課題 1 の解答の後半と同様にして証明できる．その応用として次の問題を考えよう．

課題 3 （一様な球電荷）半径 a の球内部全体に，密度 ρ（定数）の電荷が一様に分布している．この帯電球内外の電場を求めよ．
解答 帯電球外部では，全電荷（$\rho \times$ 体積）が原点に集中している場合と同じ電場になる．次に，帯電球内部の，原点から距離 r にある点 P での電場 $E(r)$ を考える（$r<a$）．帯電球全体を，半径 r の内部の球と，その外側の球殻に分ける．球殻にとっては P は内部の空洞内の点なので，P での電場は作らない．内部の球にとっては P は外部の点なので，内部の球の全電荷 $(Q = \rho \times \frac{4\pi r^3}{3})$ が原点に集中している場合と同じ電場を作る．すなわち

$$E(r) = \frac{1}{4\pi\varepsilon_0} \frac{Q}{r^2} = \frac{\rho r}{3\varepsilon_0}$$

距離 r に比例する点が特徴である．

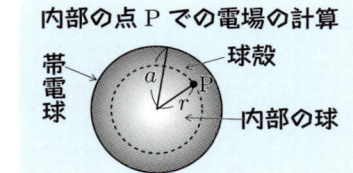

2.7 電気エネルギーと電位

第1章では電気エネルギー（の消費）の公式を水流モデルとの類推で導いた．ここではクーロンの法則から出発して電気エネルギーの公式を導こう．

ある状態のエネルギーとは，その状態を実現するために必要な仕事に等しい．どの状態から出発するかということも決めておかなければならない．

2つの電荷 q と q' が距離 r だけ離れているときの，電気力による位置エネルギー（電気エネルギー）を計算しよう．この2つの電荷が無限に離れている状態を出発点（エネルギーがゼロの状態）とする．電荷 q を原点に置き，電荷 q' を，無限遠からゆっくりと，距離 r の位置まで運んでくる．

電荷の符号はどちらでも式は同じになるのだが，電気力が反発力である場合を念頭に説明しよう（$qq' > 0$ のケース）．反発している電荷どうしを近づけるのだから，動く方向に力を加えなければならない．つまり力の方向と動かす方向は同じであり，したがって仕事（＝力×位置の変化）はプラスになり，それによって生じる電気エネルギーもプラスになる．

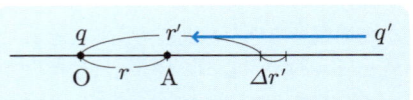

電荷 q' を無限遠から点 A まで運ぶ

近づける過程で，距離 $r' + \Delta r'$ から r' まで移動させるときに必要な仕事は

$$\text{仕事} = \text{力} \times \text{変位} = k\frac{qq'}{r'^2} \times \Delta r' = k\frac{qq'}{r'^2}\Delta r'$$

$\Delta r'$ は微小なので，その間では力は一定であるとしてよい．

この仕事を，$r' = \infty$（無限大）から $r' = r$ まで足し合わせるのだが，数学的には $k\frac{qq'}{r'^2}$ という関数を r から ∞ まで積分することになる．$\frac{1}{r^2}$ という関数を積分（不定積分）すると $-\frac{1}{r}$（＋積分定数）になることを使うと

$$
\begin{aligned}
&\text{距離 } r \text{ 離れているときの電気エネルギー} \\
&= \text{無限遠から距離 } r \text{ まで移動させるのに必要な仕事} \\
&= kqq' \int_r^\infty \frac{1}{r'^2} dr' = kqq' \left\{\left(-\frac{1}{\infty}\right) - \left(-\frac{1}{r}\right)\right\} = k\frac{qq'}{r}
\end{aligned}
\tag{1}
$$

2.7 電気エネルギーと電位

ここでは $qq' > 0$ の場合を想定しているが，この結果は $qq' < 0$ でも通用する．その場合は電気エネルギーはマイナスになる．引き付け合っているので，無限に離れているときよりも，近づいているときのほうが，エネルギーが低い状態になっている（万有引力の位置エネルギーの場合も同じである）．式 (1) を微分してマイナスを付ければ電気力に戻ることにも注意．

電位　次に電位という量を定義する．2 点間の電位の差が 1.4 項で説明した電位差である．電位差／電圧は V と書くが，電位は ϕ（ギリシャ文字のファイ）と書くのが習慣である．1.4 項では V とは，水の密度 ρ が 1 の場合の水圧の差に対応する量として定義した．電位は，電気量 q' が $+1$ の場合の位置エネルギーに等しい量だと定義する．したがって，電荷 q（点状なので**点電荷**という）が，そこから r だけ離れた位置に作る電位とは，仮にそこに単位電荷（$q' = 1$）があった場合の電気エネルギー式 (1) に等しく，それを $\phi(r)$ と書けば

$$\text{点電荷 } q \text{ によって生じる電位：} \quad \phi(r) = k\frac{q}{r} \qquad (2)$$

電場が距離の 2 乗に反比例するのに対して，電位は距離自体に反比例する．

等電位面と電場の方向　点電荷を中心とする球面上では，r が一定なので電位は等しい．このように，電位が一定の面を**等電位面**という．点電荷の場合に等電位面と電気力線を描くと下図のようになる．図からわかるように，電気力線の方向（つまり電場の方向）は，等電位面に垂直である．空間が 2 次元，つまり面だとすれば，電位を山の高さ（$q < 0$ の場合は谷の深さ），等電位面（2 次元では等電位線）を等高線に対応させることができる．電場は斜面の傾きに対応する．電位が減る方向が電場の方向である（力学での位置エネルギーと力の関係と同じ）．

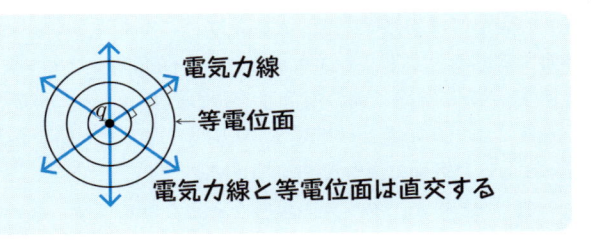

電気力線と等電位面は直交する

2.8 平面電荷の電位

前項では点電荷の電位を求めた．一般に各位置での電位とは，その位置に単位電荷を置いたときに生じる電気エネルギー（電気力による位置エネルギー）に等しい量である．あくまでも「仮に単位電荷を置いたとしたら」，ということであり，電位自体は単位電荷がなくても，空間の各点で決まっている．これは電場と同じことで，各位置での電場は，そこに単位電荷を置いたとしたらそれに働く力に等しいが，電場自体はそこに単位電荷がなくても決まっている量であった．

各位置での位置エネルギーは，その位置まで対象物をもってくるために必要な仕事に等しく，必要な力の合計（積分）によって求められる．電位の場合も同様であり，電場の合計（積分）によって求められる．一般に積分をするというのは面倒なことも多いが，以下で考える例は計算が簡単なばかりでなく，実際にも重要な意味をもつ．

> **課題 1** 水平方向に無限に広がる平面があり，その平面上には，面密度 $\sigma\ (>0)$ の一様な電荷が分布している．この平面から高さ h の位置に点電荷 q を置いたとき，それにはどちら向きの力が働くか．$q>0$ の場合と $q<0$ の場合に分けて考えよ．また電位はどのように変化するか（どちら向きに大きくなるか）．
>
> **考え方** 電位の大小に関しては，重力との類推で考えればよい．地表上では重力は下向きであり，その結果，位置エネルギーは上にいくほど大きくなる．重力に逆らって上に持ち上げるのに（プラスの）仕事が必要だからである．一般に位置エネルギーは，その力の方向と逆方向に増える．
>
> **解答** このような平面があるときの電場は 2.5 項課題 2 で求めた．電場は上下対称であり，（この問題には関係ないが）大きさはどこでも等しく $\frac{\sigma}{2\varepsilon_0}$ であった．方向はこの平面に垂直で，上下とも面から離れる方向を向く（$\sigma>0$ なので）．このような電場 E がある空間に別の電荷 q を持ち込むと，$F=qE=\frac{q\sigma}{2\varepsilon_0}$ の力が働く．力の向きは $q>0$ の場合は電場 E の方向（上下とも面から離れる方向），$q<0$ の場合は上下とも面に近づく方向である．
>
> 電位は $q=1$，つまり q がプラスの場合を考えなければならない．力は面から

2.8 平面電荷の電位

遠ざかる方向に働くので，位置エネルギーは遠方にいくほど減少する（もし面上での位置エネルギーをゼロとすれば（つまり面を基準点とすれば），位置エネルギーが減るとはマイナスになるということである）．

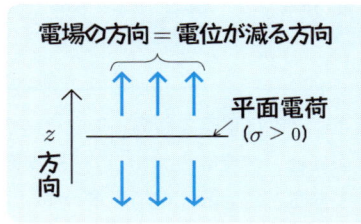

課題 2 （**平面電荷の電位**）上の課題で与えられた平面電荷があったとする．垂直方向を z とし，この面の位置を $z=0$ としたとき，電位 ϕ を z の関数として求めよ．ただし面上で $\phi = 0$ とする．

考え方 電位は電場の積分だが，電場は一定なので，単に電場と高さの掛け算をすればよい．面上で $\phi = 0$（基準点）としたので，そことの電位差が電位そのものである．

解答 電場は面の上下とも $E = \frac{\sigma}{2\varepsilon_0}$（定数）であった．したがって高さ z と面上との電位差は，$z > 0$ ならば

$$\phi(z) = -\text{電場} \times \text{距離} = -\frac{\sigma z}{2\varepsilon_0}$$

マイナスを付けたのは，電気力に逆らった力を加えて動かすからだが，（課題1より）単に z が大きくなると ϕ が小さくなるようにしたと考えたほうがわかりやすい．$z < 0$ のときはやはり $z = 0$ から離れると ϕ が小さくなると考えると，$\phi(z < 0) = +\frac{\sigma z}{2\varepsilon_0}$ である．

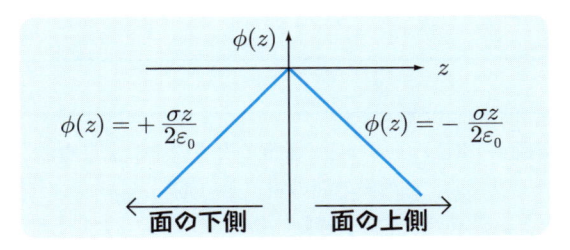

2.9 平行平面電荷の電場と電位

課題 1 （平行平面の電場）無限に広がる 2 枚の平面が平行に置かれている．上側の面には面密度 σ (> 0) の一様な電荷が，下側の面には面密度 $-\sigma$ の一様な電荷が分布している．電場を求めよ．ただし上方向を $+z$ 方向とし，下の面の位置を $z = 0$，上の面の位置を $z = d$ とする．

考え方 上面の電荷が作る電場は，面から離れる方向に $\frac{\sigma}{2\varepsilon_0}$．下面の電荷が作る電場は，電荷がマイナスだから面に近づく方向に $\frac{\sigma}{2\varepsilon_0}$．これらを加える．

解答 両面の上側，両面の中間，両面の下側の 3 つの領域にわけて考える．
(a) $z < 0$ の領域：上面による電場は下向きに $\frac{\sigma}{2\varepsilon_0}$．下面による電場は上向きに $\frac{\sigma}{2\varepsilon_0}$ だから，打ち消し合ってゼロになる．
(b) $0 < z < d$ の領域：上面による電場は下向きに $\frac{\sigma}{2\varepsilon_0}$．下面による電場も下向きに $\frac{\sigma}{2\varepsilon_0}$ だから，合成電場は下向きに $\frac{\sigma}{\varepsilon_0}$．
(c) $d < z$ の領域：上面による電場は上向きに $\frac{\sigma}{2\varepsilon_0}$．下面による電場は下向きに $\frac{\sigma}{2\varepsilon_0}$ だから，打ち消し合ってゼロになる．

結局，電場ははさまれた部分にのみ存在する．上の面から出た電気力線は，下の面ですべて吸収される．

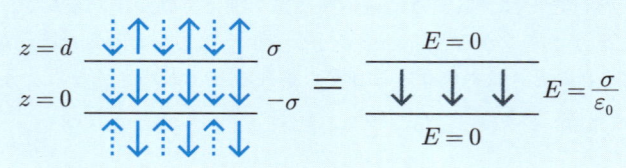

$\uparrow$：σ による電場　$\uparrow$：$-\sigma$ による電場　$\uparrow$：合成電場

$$z = d \;\; \underline{\downarrow\uparrow\downarrow\uparrow\downarrow\uparrow} \;\; \sigma \qquad \underline{\qquad E = 0 \qquad}$$
$$z = 0 \;\; \underline{\downarrow\downarrow\downarrow\downarrow\downarrow\downarrow} \;\; -\sigma \;\; = \;\; \underline{\;\;\downarrow\quad\downarrow\quad\downarrow\;\;} \;\; E = \frac{\sigma}{\varepsilon_0}$$
$$ \;\; \uparrow\downarrow\uparrow\downarrow\uparrow\downarrow \qquad\qquad\qquad E = 0$$

課題 2 （平行平面の電位）上の問題の配置のときの電位を求めよ．ただし $z = 0$ で $\phi = 0$ とする（基準点）．両面の間の電位差（電圧）はどれだけになるか．

考え方 電場がない領域では電荷を移動するのに力はいらない．つまり電位は変化しない．また，電位は不連続にならないように決めなければならない．

解答 (a) $z<0$ の領域：電場がないので ϕ は変化しない．$z=0$ では $\phi=0$ なので，この領域全体で $\phi=0$ である．
(b) $0<z<d$ の領域：電場は下向き（マイナス）なので，電位は上にいくほど増える．したがって $z=0$ を基準とすれば，$\phi(z)=-$電場$\times(z=0$ からの距離$)$
$=\frac{\sigma}{\varepsilon_0}\times z=\frac{\sigma z}{\varepsilon_0}$.
(c) $z>d$ の領域：ϕ は変化しない．つまり $z=d$ の値のままであり，$\phi(z)=\frac{\sigma d}{\varepsilon_0}$.

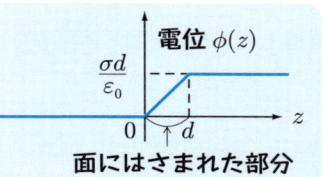

課題 3 （**平面コンデンサー**）面積 S の導体板が 2 枚，距離 d だけ離れて平行に向かい合っている．一方は電荷 Q，他方は電荷 $-Q$ に帯電しているとき，導体間の電圧 V と Q の比を求めよ．ただし，距離 d に比べて面積 S が非常に大きく，課題 2 の無限に広がる平行平面と同じ状況になっていると考えよ．
考え方 電荷は各導体板に一様に広がると考えてよい．
解答 電荷密度 σ は $\frac{Q}{S}$ である．したがって電圧（電位差）V は課題 2 より

$$V=\frac{\sigma d}{\varepsilon_0}=\left(\frac{d}{\varepsilon_0 S}\right)Q \quad \Rightarrow \quad \frac{Q}{V}=\frac{\varepsilon_0 S}{d}$$

それぞれ Q と $-Q$ に帯電している 2 つの導体があり，その間の電圧が V であるとき，Q と V は比例しており，その比

$$C=\frac{Q}{V} \tag{1}$$

は，たまっている電荷 Q によらない定数である（もちろん 2 つの導体の距離や，互いの向きには依存する）．この 2 つの導体全体を**コンデンサー**（あるいは**キャパシター**）と呼び，比 C をその**電気容量**という．上の課題 3 で扱ったものは，最も標準的なコンデンサー（**平面コンデンサー**）であり，その電気容量は

$$\boxed{\text{コンデンサーの電気容量：} \quad C=\frac{\varepsilon_0 S}{d}} \tag{2}$$

容量が大きいほど同じ V でもたくさんの電荷 Q が貯まる．

2.10 コンデンサーの力とエネルギー

前項の平行平面間に働く力を求めよう．

> **課題1** （平行平面電荷間の力）無限に広がる2枚の平面が平行に置かれている．上側の面には面密度 σ（>0）の一様な電荷が，下側の面には面密度 $-\sigma$ の一様な電荷が分布している．各面の単位面積当たりに働く力を求めよ．
>
> **考え方** 両面の間での電場は $\frac{\sigma}{\varepsilon_0}$ であった．しかしこれに電荷 σ を掛けたものが力になるわけではない．両面の外側では電場はゼロである．
>
> **解答** 上側の面に働く力を考える．上側の面の位置に下側の面の電荷が作る電場は $\frac{\sigma}{2\varepsilon_0}$ である．したがって，それによって上側の面の単位面積当たりの電荷 σ に働く力は $\frac{\sigma^2}{2\varepsilon_0}$ である．また，上側の面の電荷は，自分自身を上下に動かそうという力はもちえない．したがってこの課題の答えは $\frac{\sigma^2}{2\varepsilon_0}$ である．

「面の上下での電場の平均値」に電荷を掛ければ正しい答えになる．

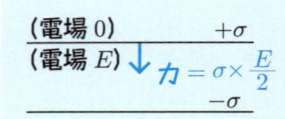

```
（電場 0）           +σ        面上の電荷には
（電場 E）↓ 力 = σ × E/2      その面の上下の平均電場
─────────── −σ                E/2 による力が働く
```

次に，この力を使って，コンデンサーがもつ電気エネルギーを計算する．

> **課題2** （コンデンサーの電気エネルギー）面積 S の導体板が2枚，距離 d だけ離れて向かい合っている平面コンデンサーを考える．一方は電荷 Q，他方は電荷 $-Q$ に帯電しているとき，このコンデンサーがもつ電気エネルギーを，電気容量 C（$=\frac{\varepsilon_0 S}{d}$）を使って表せ．
>
> **解答** 電荷密度は $\sigma = \frac{Q}{S}$．平面間の距離に関係なく，一方の板には $\frac{Q\sigma}{2\varepsilon_0}$ の力が働く（課題1より）．したがって，2枚の板を距離 d だけ離すのに必要な仕事は
> $$\text{力} \times \text{距離} = \frac{Q\sigma}{2\varepsilon_0} \times d = \frac{Q^2 d}{2S\varepsilon_0} = \frac{Q^2}{2C}$$
> である．これがコンデンサーがもつ電気エネルギーである．V も使って表せば
> $$\text{コンデンサーのエネルギー} = \frac{Q^2}{2C} = \frac{QV}{2} = \frac{CV^2}{2} \tag{1}$$

2.10 コンデンサーの力とエネルギー

注 電位が ϕ である位置に電荷 q を持ち込むと，その電荷がもつ電気エネルギーは $q\phi$ であった（2.7 項）．しかし上問の答えは QV ではない．$q\phi$ という式では，ϕ は，電荷 q が存在する前からあった電位であった．一方，コンデンサーの電位差 V は，電荷 Q が存在することによって初めて発生する電位差であり，$q\phi$ という式はそのままでは適用できないのである． ○

次に，球面の場合を考えてみよう．

課題 3 （球面電荷の電位）半径 a の球面があり，一様な電荷 Q が分布している．球面内外での電位 $\phi(r)$ を求めよ．ただし r は球の中心からの距離である．

解答 球面外部（$r > a$）での電場は点電荷 Q と同じである（2.5 項課題 1）．したがって電位差も点電荷と同じであり，2.7 項式 (2) より

$$\phi(r) = k\frac{Q}{r}$$

ただし点電荷の場合と同様，無限遠 $r = \infty$ を基準点としている（$\phi(\infty) = 0$）．球面内部（$r < a$）では電場はないのだから電位は変化せず，$r = a$ で電位が球外部とつながっていることから

$$\phi(r) = \phi(a) = k\frac{Q}{a}$$

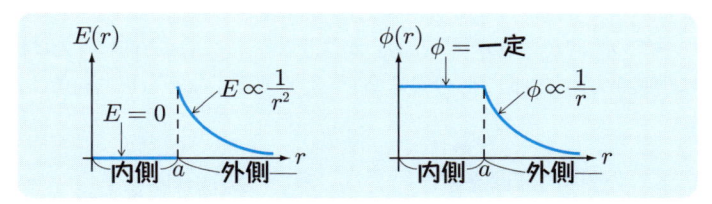

この球面 1 つだけでも，無限の遠方にもう 1 つの導体があると仮定して，コンデンサーとみなすことができる．上の解答では無限遠の電位を 0 としているので，$\phi(a)$ 自体がこのコンデンサーの電位差となる．したがって電気容量は

$$\text{半径 } a \text{ の球面の電気容量} = \frac{\text{電荷}}{\text{電位差}} = \frac{a}{k}$$

このコンデンサーがもつ電気エネルギーも式 (1) で表される（章末問題 2.21）．また球面を 2 つ組み合わせたコンデンサーもできるが，章末問題で扱う．

2.11 導体と静電誘導

導体内部は等電位（静電気の場合） 2つの導体からなるコンデンサーの電位差とは，この2つの導体間の電位差のことである．導体のどの部分で考えても電位差は変わらない．そうなるのは，1つの導体内では電位は一定だからである（**等電位**という）．

仮に1つの導体内に電位差があれば電場があることになるが，電場があると導体内の自由電子に電気力が働き，動き出して電位が変化する．そして等電位になった（電場がなくなった）時点で，自由電子の移動が止まる．つまり最終的には必ず等電位になる．

課題 導体でできた球に電荷を与えて帯電させた場合，電荷はどのように分布するか．ただし周囲には何もないとする．

解答 電荷は球の表面だけに一様に分布する（内部には分布しない）．電荷が反発し合って互いからできるだけ離れようとするから，と考えてもよい．あるいは，そうなったとき球内部の電場はゼロになり，電荷の移動が止まるからだと考えてもよい．実際，一様な球面電荷では内部に電場はないことは 2.5 項課題 1 で示した（したがって等電位になることは 2.10 項課題 3 参照）．表面上の電荷には，面上のすべての方向からの力（反発力）がつり合うので，面方向には力は働かない．面に垂直な方向（外向き）の力は働く．しかし電子はそちら方向には移動できない．

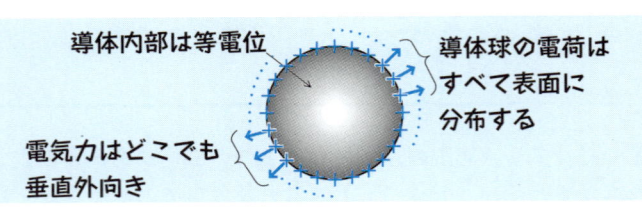

導体内部は等電位
導体球の電荷はすべて表面に分布する
電気力はどこでも垂直外向き

注 静電気ではない場合，たとえば導体が外部につながっていて常に電流が流れているような場合には，導体内でも電位差はある．電流があるケースは第 3 章で扱う．○

2.11 導体と静電誘導

静電誘導　導体内には電場はないといっても，上の課題からわかるように，その表面には電荷が分布しうる．たとえば外部に正電荷があると，負電荷（自由電子）が引き付けられて表面に現れ，その反対側の表面には正電荷が発生する．外部の電荷に誘導されて生じた電荷分布という意味で，これらの電荷を**誘導電荷**といい，この現象を**静電誘導**という．

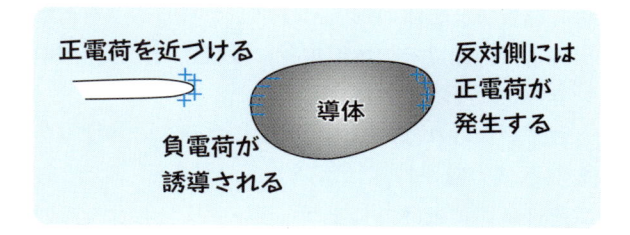

静電遮蔽　導体は等電位になるということから，幾つかの興味深い現象が生じる．たとえば導体に囲まれた領域には，そこに電荷がない限り電場はない．導体の外側に電荷があったとしても，その影響で導体に静電誘導が起こり，領域内部では，外部の電荷と誘導電荷の影響が打ち消し合って，電場がゼロになる．これを**静電遮蔽**という．

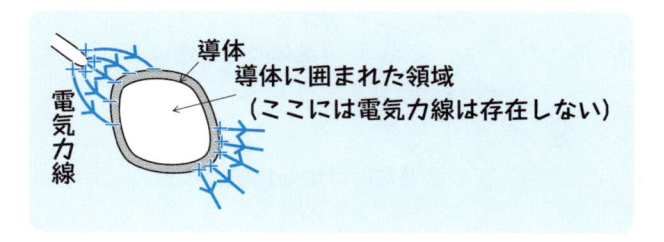

　領域内部で電場がゼロになる理由は次のように説明できる．内部には電荷がないのだから，もし内部に電気力線があったとしても，それは導体面の内側のどこかから湧き出し，内側の別の場所に吸い込まれていなければならない．しかしそうだとすると，この2点間には電位差があることになり（電場の方向に沿って移動すれば電位は必ず減る），導体が等電位であることと矛盾してしまう．つまり領域内部には電気力線はありえない．

　結局，導体面で囲むことによって外部の電荷の影響を遮断することができる．導体面ではなく導線で作った網のようなもので囲んでも，これに近い効果が生

じることが知られている．

　静電遮蔽の原理は，逆に，内部にある電荷の影響を外部で遮断するために使うこともできる．たとえば下の図のように，正電荷を導体面で囲み，この導体を**接地**したとしよう．接地とはアースともいうが，導体と地面を導線でつなげることである．

　内部の正電荷の影響で，導体の内面にはマイナスの誘導電荷が発生する．内部の電荷から出た電気力線はその誘導電荷に吸収され，導体内の電場はゼロになる．内部から外部に続く電気力線はない．

　導体が接地されていなければ，導体の外面にプラスの誘導電荷が生じ，そこから新たに生じた電気力線が外部に延びていくだろう．しかし接地されると，プラスの誘導電荷は地面に逃げてしまう．互いに反発し合っているので，互いから遠ざかれる場所があればいくらでも遠ざかろうとするからである．その結果として外面には電荷がなくなるので，導体外部には電気力線はなくなる．つまり領域内部の電荷の影響が，導体内面の誘導電荷によって完全に遮蔽されたことになる．

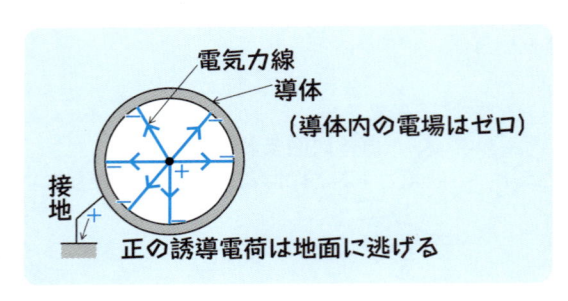

章末問題

● 復習問題

以下の [ ] の中を埋めよ（解答は 46 ページ）．

□**2.1** [①] の法則によれば，2つの電荷の間に働く電気力は，それぞれの電気量の [②] に比例し，距離の [③] に反比例する．

□**2.2** 電荷があると，その周囲の空間には [④] ができる．[④] ができている空間に別の電荷を持ち込むと，その電荷には [⑤] が働く．[⑤] の大きさは，[④] と，持ち込んだ電荷の電気量の [⑥] に等しい．

□**2.3** 電場の方向に沿って延ばした線を [⑦] という．[⑦] は，[⑧] から湧き出し，[⑨] に吸い込まれる．

□**2.4** 閉曲面から湧き出している [⑩] の総量は，その内部にある [⑪] の合計を ε_0 で割ったものに等しい．これをガウスの法則という．[⑩] が閉曲面の中に入っていく場合は，湧き出しは [⑫] であるとして計算する．

□**2.5** 直線電荷による電場の大きさはその直線からの距離に [⑬] する．平面電荷による電場の大きさは，その平面からの距離に [⑭]．

□**2.6** 荷電球面外部の電場は，すべての電荷が [⑮] に集中している場合の電場と同じである．荷電球面内部の電場は [⑯] である．

□**2.7** 静電気の場合，電気力によって生じる位置エネルギーが [⑰] である．

□**2.8** 電荷によってその周囲の各点に生じる [⑱] とは，その点に単位電荷があった場合の電気エネルギーとして定義される．位置エネルギーの傾きが力であるように，[⑱] の傾きが [⑲] である．電気力線は [⑱] が減る方向を向く．

□**2.9** [⑳] と電気力線は，常に直交する．点電荷の [⑳] の形は [㉑]，平面電荷の [⑳] の形は [㉒] である．

□**2.10** 電荷の大きさが同じで符号が反対の2枚の平面が平行に向かいあっている場合，電場が存在するのは [㉓] だけである．

□**2.11** 電気量 Q をもつ導体と，電気量 $-Q$ をもつ導体があり，この2つの導体間の電位差を V としたとき，V と Q は比例し，比例係数 $\frac{Q}{V}$ を [㉔] という．

□**2.12** 導体に電荷を近づけると導体表面に電荷が生じる．この電荷を [㉕] といい，この現象を [㉖] という．

応用問題

□**2.13** 炭素1モル（12g）に $1\,\mu\mathrm{C}$ の負電荷をためたとする．これは炭素の電子が何個増えたことを意味するか．また，電子の総数に対するその割合を求めよ．1モル中の原子数は 6×10^{23} 個，炭素原子には6個の電子があると考えよ．電子がもつ電気量は1.8項参照．

□**2.14** 下の図は，2つの電荷の組合せ (i) q と q，(ii) $2q$ と q，または (iii) $2q$ と $-q$ のいずれかによって生じる電気力線である（$q>0$）．どれがどれに対応するか（上の黒丸が最初の電荷，下の黒丸が2番目の電荷であるとする）．その理由も述べよ．

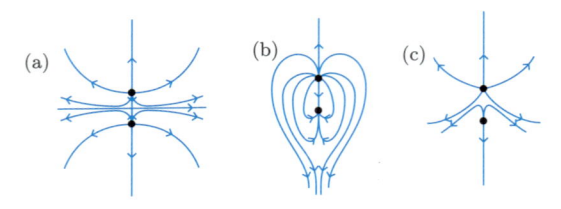

□**2.15** 下図の電荷配置で，点 (d,d) における合成電場の各成分を求めよ．

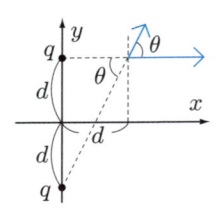

□**2.16** 横方向を向く筒の中に，筒に平行な一様な電場があったとする．筒に垂直な面で考えても，傾いた面で考えても，面をつらぬく電場の総量は等しいことを示せ．ただし面をつらぬく電場とは，電場の面に垂直な成分であるとする．

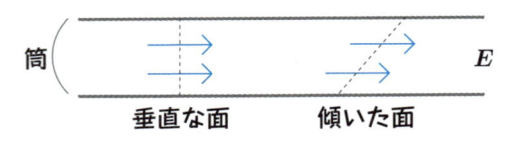

□**2.17** 2.5項の直線電荷（線密度 λ）が作る電場を，ガウスの法則は使わずに，クーロンの法則から直接計算してみよう．直線電荷は z 軸上にあるとし，点 $\mathrm{P}(r,0,0)$ での電場を計算する．直線電荷上の各位置での電荷が P に作る電場を合計するのである．ただし，次ページの図のように $+z$ 側の微小部分 Δz と，$-z$ 側の微小部分

Δz をペアにして足し合わせる．

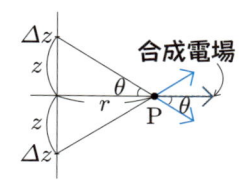

(a) ペアにすると，図からわかるように，合成電場は x 方向を向く．その大きさを求めよ．
(b) (a) の結果を合計（積分）せよ．ただし積分公式

$$\int_0^\infty \frac{1}{(z^2+r^2)^{3/2}}dz = \frac{1}{r^2}$$

を使う．

☐ **2.18** 中心が共通の2つの導体球面 A, B がある．外側の球面 A は半径が a で，電荷 Q_a をもち，内側の球面は半径が b で，電荷 Q_b をもつ．$r>a$, $a>r>b$, および $b>r$ の3つの領域での電場の大きさを求めよ．

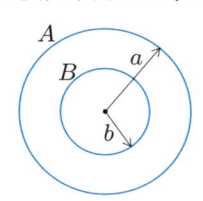

☐ **2.19** 上の問題 2.18 と同じ状況で，各領域での電位を求め，電位のグラフを描け．

☐ **2.20** 2.6 項課題3の球電荷の，球内外の電位を求め，電位のグラフを描け．

☐ **2.21** 半径 a の球面に電荷 Q が一様に分布している．この状態がもつ電気エネルギーを計算せよ．それが，2.10 項の式 (1) で表されることを確認せよ（2.6 項課題1と 2.10 項課題3を参照）．
考え方：球面上に分布している電荷は，反発し合うので互いから離れようとする．つまり球が広がる方向に力が働く．逆にいえば，球面の半径を，無限大から a まで縮めるのには仕事をしなければならない．これが，このコンデンサーがもつ電気エネルギーになる．球面上の電荷にかかる力は，球面内外の電場の平均値で決まる（2.10 項課題1参照）．

□ **2.22** 中心が共通の2つの球面（半径はそれぞれ a と b）からなるコンデンサーの電気容量を求めよ．

考え方：問題 2.19 ではこのような2つの球面が帯電しているときの電位を求めたが，ここでは両極面間の電位差だけがわかればいいので，それより簡単な状況である．

□ **2.23** 中心が共通の2つの導体球面がある．外側の球面は接地されており，その電位は地面の電位と等しい（ゼロとする）．また内側の球面は他の部分から電気的に切り離されており，電荷 Q をもっているとする．内側の球面の電位と，外側の球面に生じる誘導電荷の総量を求めよ．

考え方：外側を接地しているので，42 ページで説明した現象が起こる．

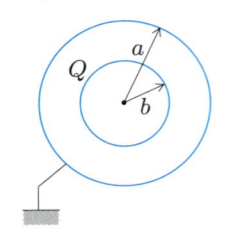

復習問題の解答

① クーロン，② 積，③ 2乗，④ 電場，⑤ 電気力，⑥ 積，⑦ 電気力線，⑧ 正電荷，⑨ 負電荷，⑩ 電場，⑪ 電荷，⑫ マイナス，⑬ 反比例，⑭ 依存しない，⑮ 中心，⑯ ゼロ，⑰ 電気エネルギー，⑱ 電位，⑲ 電場，⑳ 等電位面，㉑ 球面，㉒ 平面，㉓ 平面の間，㉔ 電気容量，㉕ 誘導電荷，㉖ 静電誘導

第3章

直流回路

　回路の式は，ループを1周すると電位が元に戻るということが基本である．電位は電源内部では負極から正極に向けて上昇し，抵抗では，電流が流れる向きに降下する．コンデンサーでは電位は，正に帯電した側から負に帯電した側に向けて降下する．典型的な回路は直列接続と並列接続だが，複数のループが組み合わさった複雑な回路もあり，ループごとに電位の式を書いて，連立方程式として問題を解かなければならない．

- 導線内の電場とオームの法則
- 回路の基本
- 直列接続・並列接続
- 電源の直列接続・並列接続
- キルヒホッフの法則
- キルヒホッフの法則の応用
- コンデンサー
- 過渡現象

3.1 導線内の電場とオームの法則

電源（たとえば電池）の両極には正負の電荷が分布して一定の電位差が生じており（1.3項参照），したがって両極間の空間には電場ができている．その両極間を導体でつなげば，その電場により導体内部の電荷（実際には電子）が動き，電流が流れる．

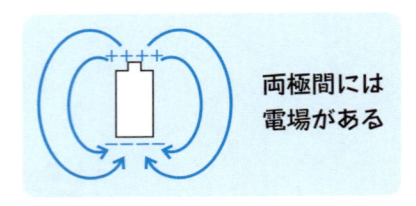

両極間には電場がある

電位差が増えれば電流の大きさも増えるが，多くの導体では電位差と電流は比例関係にあり，それがオームの法則であった（1.7項）．その比例係数が**電気抵抗**（あるいは単に**抵抗**）である．1.7項では単に，そのような法則があるという説明だけだったが，第2章で電場について学んだので，どのような状況でオームの法則が成り立つのか，電場との関連で考えておこう．

電極が一様な導線でつながれているとする．電子は導線に沿って動くのだから，電場（電気力線）もその方向を向いているはずである．

注意 細かいことにはなるが，説明を加えておこう．導線をつなぐ前に電源の両極に分布していた電荷だけでは，導線の方向と電気力線の方向が一致するはずはない．導線をつなぐと，電極にあった電荷が導線全体に広がって分布するようになり，その結果として電気力線が導線方向に向く．そもそも電流とは導線に沿ってしか流れることはできないので，そうならざるをえないと考えていただきたい．厳密には磁場（第4章）の影響もあって，電気力線は導線方向と完全には一致しないのだが，以下ではそこまで難しくは考えない． ○

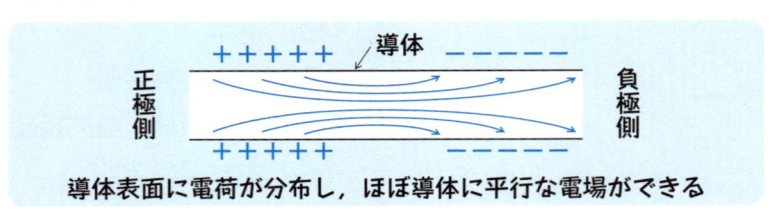

導体表面に電荷が分布し，ほぼ導体に平行な電場ができる

導線内の電子の動きは，空から降ってくる雨粒の運動に似ている．雨粒は重力を受けて加速するが，速さが増すと逆方向の空気抵抗も増え，力がつり合っ

3.1 導線内の電場とオームの法則

た一定の速度になって落ちてくる．重力が大きいほど，つり合いの速度は速くなる．

同様に，導線内の電子も，電場による力と，導線内に並んでいる原子から受ける抵抗力とがつり合った，一定の速度 v で動く．電場が大きいほどつり合いの速度 v は大きいが，仮に v と電場 E が比例するとすれば $v = kE$ と書ける（k は比例定数）．

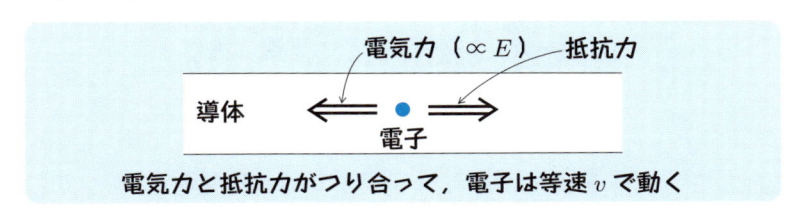

電気力（$\propto E$）　抵抗力

導体　←　•　→

電子

電気力と抵抗力がつり合って，電子は等速 v で動く

電子の電荷を $-e$, この導線内の自由電子（動きうる電子）の密度を n, 導線の断面積を S とする．自由電子が速さ v で動いているとすると，導線内の各位置を単位時間に通過する電子数は，導線の長さ v の部分に含まれている自由電子の数 nvS に等しい．したがって電流の大きさ I は

$$I = e \times nvS \quad \text{すなわち} \quad v = \frac{I}{enS} \tag{1}$$

電流 I はどこでも同じであることに注意しよう．たとえばどこかで電流が減っているとすれば，そこでは流れ込む電気のほうが多いのだから，どんどん電荷がたまってしまう．そのようなことがずっと続くことはありえないので，仮に何らかのことが起こって一時的に電流が変化したとしても，結局は一定の電流が流れ続けることになる．したがって，もし導線が一様ならば（面積 S が一定ならば），式 (1) より v も一定だということになり，上記のように $v = kE$ であるならば E も一定になる．したがって，全長 l の導線の両端の電圧（電位差）は

$$\text{電圧 }(V) = \text{距離} \times \text{電場} = lE = \frac{lv}{k} = \left(\frac{l}{kenS}\right)I$$

この式と，抵抗（電気抵抗）の定義式，電圧 (V) = 抵抗 (R) × 電流 (I), を比べれば，比例係数 R は $\frac{l}{kenS}$, つまり電圧や電流によらない定数だということになる．つまりオームの法則が成り立つ．抵抗は導線の長さ l に比例して増え，面積 S に反比例して減る．

3.2 回路の基本

電源（電池とする）と，オームの法則が成り立つ抵抗器をつないだだけの，最も基本的な回路を考えよう．ただし電源の起電力を $\mathscr{E}$，抵抗器の電気抵抗を R とし，電源と抵抗器をつなぐ導線の電気抵抗は 0 とみなしていいものとする．

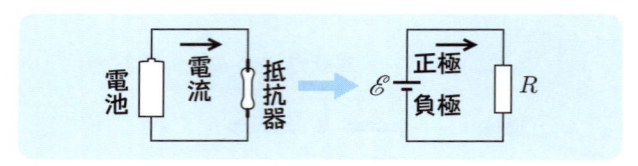

この回路を流れる電流を I としたときの，$\mathscr{E}$ と R と I の関係を求めたい．基本的な考え方は以下の通りである．

I. 電源の起電力が $\mathscr{E}$ であるとは，電源の両極に $\mathscr{E}$ だけの電位差 (V) が生じることを意味する．

$$\text{電源での関係：} \quad V = \mathscr{E}$$

この V を，電源の 2 つの端子（導線との接続部）の間の電圧という意味で**端子電圧**ということもある．

II. 導線は電気抵抗が 0 だとしているので，導線内では電位差はない ($V = RI = 0$)，つまり電位は一定である．したがって，抵抗器の両端での電位差は，電極の両端での電位差 V に等しい．

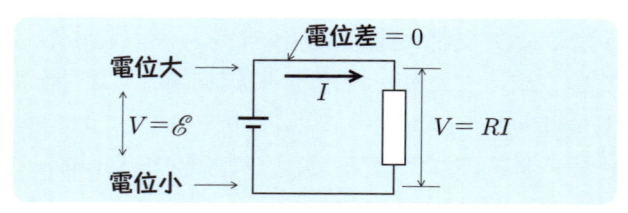

III. 抵抗器での電位差と電流との間には，オームの法則の式が成り立つ．

$$\text{抵抗器での関係：} \quad V = RI$$

以上より，

$$\mathscr{E} = RI \tag{1}$$

3.2 回路の基本

となる．これがこの回路の，基本的な関係式である．

この回路を 1 周した時に，電位がどのように変化するかを考えてみよう．ただし電源の負極の電位を 0 とする（電位の基準点）．

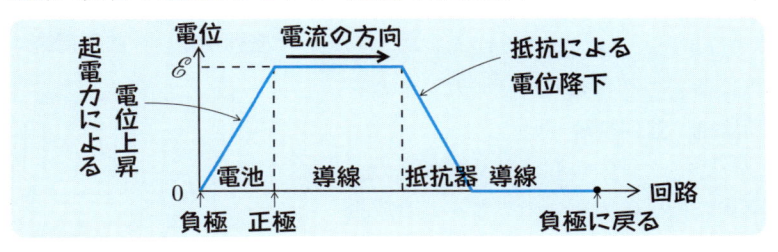

電源の所では，負極から正極まで，電位は $\mathscr{E}$ だけ上がる．起電力の効果である．導線の部分では電位が変わらず，抵抗器のところで電位は RI（$=\mathscr{E}$）だけ下がって 0 に戻る．抵抗 R によって RI だけ電位が下がることを，一般に **電位降下** という．

回路を 1 周すると電位は必ず最初の値に戻る．そのような見方をすると式 (1) は

$$1 \text{周したときの電位の変化} = 0 \quad \text{すなわち}$$

$$\underset{\text{(起電力による電位上昇)}}{\mathscr{E}} + \underset{\text{(抵抗による電位降下)}}{(-RI)} = 0 \tag{2}$$

注意 電位降下は電圧降下ともいうこともあるが，正しい表現ではない．抵抗を通ると下がるのは電圧ではなく電位である．電圧という言葉は電位ではなく電位差を意味する．2 点間の電位の差である．ただし厳密に言うと，電流が流れているとき電圧（端子電圧）は少し減る．これこそが **電圧降下** である．1.4 項でも少し触れたことだが説明しておこう．

ここまでの話では無視してきたが，電源の中にも電気抵抗がある．**内部抵抗** という．その値を r としオームの法則が満たされるとすると，電源内部で rI の電位降下が起きる．したがって電源の端子電圧はその分だけ下がり

$$V = \mathscr{E} - rI \tag{3}$$

となる．これを使うと，式 (1) は，

$$\mathscr{E} - rI = RI \quad \text{すなわち} \quad \mathscr{E} = (r+R)I \tag{4}$$

内部抵抗の大きさはさまざまで，電池では古くなるほど大きくなる． ○

3.3 直列接続・並列接続

次に，抵抗を 2 つつないだ回路を考える（以下では単に，抵抗器を抵抗という）．つなぎ方には右の 2 種類が考えられ，それぞれ**直列接続**，**並列接続**という．

2 つの抵抗を一体のものとして考えたときの全体の抵抗の大きさのことを，**合成抵抗**という．

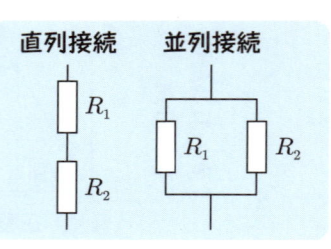

> **課題 1** 上図の 2 つの回路の合成抵抗（R とする）を求めよ．
> **考え方** 直列接続の場合は，各抵抗での電位降下の合計が合成抵抗での電位降下になることを使う．並列接続の場合は，各抵抗に流れる電流の合計が合成抵抗を流れる電流になることを使う．
> **解答** 直列接続：流れている電流は共通なのでそれを I とすると，上記の条件は
>
> $$RI = R_1 I + R_2 I$$
>
> したがって
>
> $$\text{直列接続：} \quad R = R_1 + R_2$$
>
> 並列接続：それぞれの抵抗を流れる電流を I_1, I_2 とすると
>
> $$I = I_1 + I_2$$
>
> 電位差は共通なのでそれを V とすると，上式は
>
> $$\tfrac{V}{R} = \tfrac{V}{R_1} + \tfrac{V}{R_2}$$
>
> したがって
>
> $$\text{並列接続：} \quad \tfrac{1}{R} = \tfrac{1}{R_1} + \tfrac{1}{R_2} \quad \text{あるいは} \quad R = \tfrac{R_1 R_2}{R_1 + R_2}$$
>
> 直列ではそのまま足し算，並列では逆数での足し算ということになる．

次に，3 つの抵抗の合成を考える．

3.3 直列接続・並列接続

課題 2 下の 4 つの接続の合成抵抗（R とする）を求めよ．

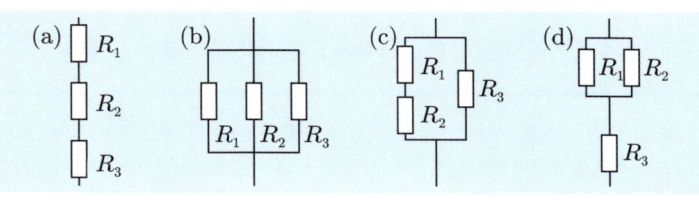

考え方 (a) と (b) は課題 1 と同じ解法，(c) と (d) は 2 段階で計算する．

解答 (a) $R = R_1 + R_2 + R_3$

(b) $\frac{1}{R} = \frac{1}{R_1} + \frac{1}{R_2} + \frac{1}{R_3}$

(c) R_1 と R_2 の合成抵抗を R_{12} と書くと $R_{12} = R_1 + R_2$

$$\frac{1}{R} = \frac{1}{R_{12}} + \frac{1}{R_3} = \frac{1}{R_1+R_2} + \frac{1}{R_3}$$

(d) $R_{12} = \frac{R_1 R_2}{R_1+R_2}$. これを使うと $R = R_{12} + R_3 = \frac{R_1 R_2}{R_1+R_2} + R_3$

課題 3 以下の回路の AB 間の合成抵抗を求めよ．ただしすべての抵抗の大きさは等しく，それを R とする．

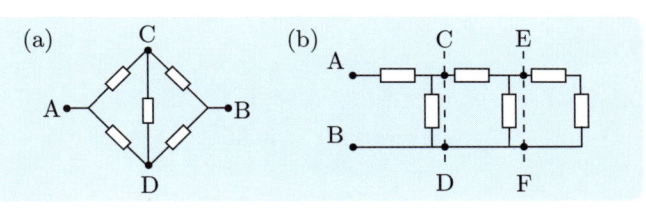

解答 (a) 上下対称の回路なので，C と D は電位が等しく，CD 間には電流は流れない．したがって CD 間を切り離して考えてもよく，すると，合成抵抗 $2R$ の並列接続になり，最終的な合成抵抗は R となる．

(b) 右から順番に合成する．EF の右側は単なる直列回路だから合成抵抗は $2R$. それを使うと CD の右側は右図のようになり，$\frac{2R}{3}$（$2R$ と R の並列）$+ R = \frac{5R}{3}$. AB 間も同様にして，$\frac{5R}{8}$（$\frac{5R}{3}$ と R の並列）$+ R = \frac{13R}{8}$.

3.4 電源の直列接続・並列接続

電源にも直列と並列の接続が考えられる．内部抵抗も含めて考えてみよう．

課題 1 起電力 $\mathscr{E}_1$，内部抵抗 r_1 の電源と，起電力 $\mathscr{E}_2$，内部抵抗 r_2 の電源を直列につなげた．全体を1つの電源とみなしたときの合成起電力 $\mathscr{E}$ と合成内部抵抗 r を求めよ．

考え方 電流 I が流れているときにどのような電位差が生じるかを考える．

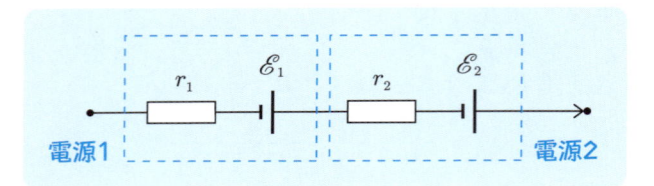

解答 両端の電位差 V は，それぞれの電位差の合計だから
$$V = (\mathscr{E}_1 - r_1 I) + (\mathscr{E}_2 - r_2 I) = (\mathscr{E}_1 + \mathscr{E}_2) - (r_1 + r_2)I$$
全体を1つの電源とみなした場合の式
$$V = \mathscr{E} - rI$$
と比較すれば

> 合成起電力： $\mathscr{E} = \mathscr{E}_1 + \mathscr{E}_2$
> 合成内部抵抗： $r = r_1 + r_2$

どちらも，直列であることから想像できる結果である．

次は並列だが計算は面倒になる．最初は，まったく同じ電源を使った場合を考えよう．

課題 2 起電力 $\mathscr{E}_0$，内部抵抗 r_0 の電源を2つ並列につなげた．全体を1つの電源とみなしたときの合成起電力 $\mathscr{E}$ と合成内部抵抗 r を求めよ．

考え方 電流はそれぞれの電源を半分ずつ流れるだろう．

解答 全体に流れる電流を I とすれば，一方の電源に流れる電流は $\frac{I}{2}$．したがって両端の電位差は

$$V = \mathscr{E}_0 - r_0 \frac{I}{2}$$

これを，全体を1つとみなした場合の式 $V = \mathscr{E} - rI$ と比較すれば

> 合成起電力 ： $\mathscr{E} = \mathscr{E}_0$
> 合成内部抵抗： $r = \frac{r_0}{2}$

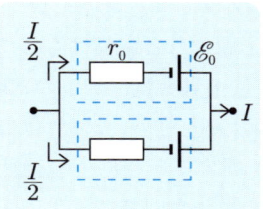

n 個の電源の並列接続の場合には，起電力は変わらず，内部抵抗は $\frac{r_0}{n}$ になる．つまり並列接続の場合は，起電力は変わらないが，各電源を流れる電流は少なくて済み，(望ましくない) 内部抵抗は減ることがわかる．

課題3 起電力 $\mathscr{E}_1$，内部抵抗 r_1 の電源と，起電力 $\mathscr{E}_2$，内部抵抗 r_2 の電源を並列につなげた．合成起電力 $\mathscr{E}$ と合成内部抵抗 r を求めよ．

解答 それぞれを流れる電流を I_1, I_2 とすると，電極間の電位差はどちらで見ても等しいから

$$\text{電位差} = \mathscr{E}_1 - r_1 I_1 = \mathscr{E}_2 - r_2 I_2 \tag{1}$$

全電流を $I = I_1 + I_2$ とすると，多少の計算の後

$$I_1 = \frac{r_2}{r_1+r_2} I + \frac{1}{r_1+r_2}(\mathscr{E}_1 - \mathscr{E}_2), \qquad I_2 = \frac{r_1}{r_1+r_2} I + \frac{1}{r_1+r_2}(\mathscr{E}_2 - \mathscr{E}_1)$$

I_1 を $\mathscr{E}_1 - rI_1$ に代入し，全体を1つとみなした場合の式 $\mathscr{E} - rI$ と比べれば

> 合成起電力 ： $\mathscr{E} = \frac{r_2}{r_1+r_2}\mathscr{E}_1 + \frac{r_1}{r_1+r_2}\mathscr{E}_2$
> 合成内部抵抗： $r = \frac{r_1 r_2}{r_1+r_2}$

合成起電力は両方の中間になり，電流 I_1 と I_2 は，起電力が等しい場合でも，内部抵抗の違いによって差が出ることがわかる．また起電力が違うと，電流が逆流する可能性もある（I_1 あるいは I_2 がマイナスになるときは逆流）．特に，電源に負荷をつながないと（$I=0$），電流が一方の電源を逆流して循環する．

3.5 キルヒホッフの法則

3.2 項では，電源に負荷を1つだけ付けた単純な回路を考えた．そして回路を1周すると電位はもとに戻るという話をした．つまり1周したときの電位差（電位上昇と電位降下の合計）はゼロになる．最初の場所に戻るのだから，電位も元の値に戻らなければならない．

1周すると電位差の合計がゼロになるのは複雑な回路でも変わらない．さらに，複雑な回路では1周するのにさまざまな経路が考えられるので，それに応じてさまざまな式が書ける．それらが具体的に何を意味するのか，どのように使えるのか，具体例で考えてみよう．

例として抵抗を並列接続し，電源につなげた回路を考える．電源の内部抵抗は無視できるものとする．

流れる電流 I を求めたい．合成抵抗を R とすれば $\mathscr{E} = RI$ であり（3.2 項式 (1) または (2)），また R の大きさは3.3 項の並列接続の公式から得られるので

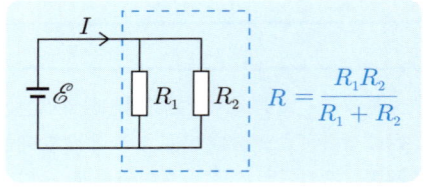

$$R = \frac{R_1 R_2}{R_1 + R_2}$$

$$I = \frac{\mathscr{E}}{R} = \frac{\mathscr{E}(R_1+R_2)}{R_1 R_2} \tag{1}$$

となる．この結果を，並列接続の公式を使わないで，次の手順で求めてみよう．

課題 上の回路には，下図に示されているように3つのループが考えられる．それぞれのループで，1周すると電位差の合計がゼロになるという条件を記せ．ただし各部分に流れる電流を図のように I, I_1, I_2 とする．それらの式から上式 (1) を求めよ．

解答 電源では $\mathscr{E}$ の電位上昇が，また抵抗では RI の電位降下がある．ただし電位降下は，電流が流れる方向に見たときの降下であって，逆方向に見れば電位上昇である．電位降下のほうをマイナスで表すと

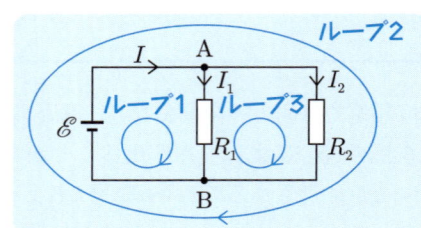

ループ1： $\mathscr{E} + (-R_1 I_1) = 0$, ループ2： $\mathscr{E} + (-R_2 I_2) = 0$
ループ3： $R_1 I_1 + (-R_2 I_2) = 0$

ループ1と2の式から $I_1 = \frac{\mathscr{E}}{R_1}$, $I_2 = \frac{\mathscr{E}}{R_2}$. したがって全電流 $I = I_1 + I_2$ より

$$I = \frac{\mathscr{E}}{R_1} + \frac{\mathscr{E}}{R_2} = \frac{\mathscr{E}(R_1 + R_2)}{R_1 R_2}$$

となり式 (1) が得られる（ループ 3 の式は使わなかったが，1 と 2 の式の差を取れば 3 の式になるので，3 つとも使う必要はない）．

上の解答で使った考え方は，キルヒホッフの第 1 法則，および第 2 法則と呼ばれている．

キルヒホッフの第 1 法則：
回路の各接続点に流れ込む電流の総量と，流れ出す電流の総量は等しい．

回路のどこでも，流れ込む電荷の量と流れ出る電荷の量は等しい．さもないと，回路のどこかにプラスあるいはマイナスの電荷が貯まっていくことになってしまうからである．上の解答では，この法則は $I = I_1 + I_2$ の式に相当する．これは前ページ図の回路の 2 つの接続点 A, B のいずれにもあてはまる．

キルヒホッフの第 2 法則：
回路内のどのループでも，そこを 1 周して電位差を合計するとゼロになる．

1 周するときは，どちら向きに回っているかを指定しておくことが重要である．そうでないと，電位が上昇しているのか降下しているのかが決まらなくなってしまう．また，式を書くとき，最初から電流がどちら方向に流れているかを知る必要はない．ある方向に流れていると仮定して，そのときの電流を I としておけばよい．計算をしたうえで最終的に I がマイナスになった場合は，電流は逆向きに流れていたことがわかる．

また，共通部分のある 2 つのループの式を組み合わせると，別のループの式になることにも注意．たとえば上の例では，ループ 1 とループ 3 を加えれば，共通部分（R_1 の部分）が打ち消し合ってループ 2 になるが，式でもそのようになっている．

3.6 キルヒホッフの法則の応用

下図の回路の，AB 間の合成抵抗を求めよう．全体に電流 I が流れているとして，AB 間の電位差 V を計算する．比 $\frac{V}{I}$ が合成抵抗の値である．3.3 項課題 3(a) とは異なり，すべての抵抗値が異なるとしているので，計算も結果（式 (1)）もかなり複雑だが，少なくとも出発点になる式は理解していただきたい．計算を 3 つの段階に分けて説明する．

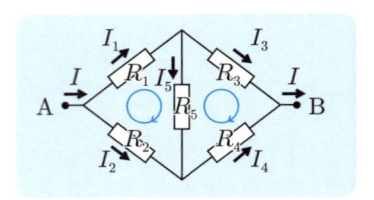

第 1 段階（キルヒホッフの第 2 法則）：図に示した 2 つのループについて，電位の式（電位差の合計がゼロ（キルヒホッフの第 2 法則）の式）を書く．図に示された電流の向きとループの向きを比較して，各部分が電位上昇なのか電位降下なのかを判断する（両者が同方向ならば降下，逆方向ならば上昇）．

$$-R_1 I_1 - R_5 I_5 + R_2 I_2 = 0, \qquad -R_3 I_3 + R_4 I_4 + R_5 I_5 = 0$$

第 2 段階（キルヒホッフの第 1 法則）：I_1 と I_3 を求めるという方針で計算を進める．他の電流はキルヒホッフの第 1 法則より

$$I_2 = I - I_1, \qquad I_4 = I - I_3, \qquad I_5 = I_1 - I_3$$

これらを上の 2 式に代入して整理すると（$R_{125} = R_1 + R_2 + R_5$ などの記号を使って）

$$R_{125} I_1 - R_5 I_3 = R_2 I, \qquad -R_5 I_1 + R_{345} I_3 = R_4 I$$

第 3 段階（式を解く）：この連立方程式を解く（少し面倒な計算だが，連立方程式の解の公式を知っていると難しくはない）．

$$I_1 = (R_{345} R_2 + R_4 R_5) \frac{I}{D}, \qquad I_3 = (R_{125} R_4 + R_2 R_5) \frac{I}{D}$$

ただし $D \equiv R_{125} R_{345} - R_5^2$ である．

これより AB 間の電位差 V $(= R_1 I_1 + R_3 I_3)$ は

3.6 キルヒホッフの法則の応用

$$V = \frac{R_1(R_{345}R_2+R_4R_5)+R_3(R_{125}R_4+R_2R_5)}{D}I \tag{1}$$

上式の $\frac{**}{D}$ の部分が合成抵抗である（すべての抵抗値が R ならば 3.3 項課題 3(a) の答え R になることを確認していただきたい．そのとき D は $8R^2$ である）．

> **課題** 左ページで計算した回路で，$I_5 = 0$ になる条件を求めよ．
> **解答**
> $$I_5 = I_1 - I_3 \propto (R_{345}R_2 + R_4R_5) - (R_{125}R_4 + R_2R_5)$$
> $$= R_2R_3 - R_1R_4$$
> これが 0 になるというのが $I_5 = 0$ の条件である．

上の課題の答えは直観的に説明できる．$I_5 = 0$ というのは，この部分の両端で電位差がないということである．つまり R_1 部分と R_3 部分での電位降下の比と，R_2 部分と R_4 部分の電位降下の比が等しい．すなわち

$$R_1I_1 : R_3I_3 = R_2I_2 : R_4I_4$$

$I_5 = 0$ ならば $I_1 = I_3$, $I_2 = I_4$ だから，この式は

$$R_1 : R_3 = R_2 : R_4 \quad \text{すなわち} \quad \frac{R_1}{R_3} = \frac{R_2}{R_4} \tag{2}$$

となるが，まさにこれが上の問題の答えである．

ホイートストン・ブリッジ 図のような回路を考える．検流計とはそこに電流が流れているかがわかる計器である．抵抗 R_3 は可変抵抗，つまり抵抗値を変えられる抵抗である．抵抗値 R_4 だけが未知であるとしよう．R_3 を調整して検流計に電流が流れないようにすれば，式 (2) より R_4 がわかる．つまりこの回路（ホイートストン・ブリッジ）は抵抗値測定に使える（この方法は電流の有無だけを見ればよく，電源の内部抵抗などの影響を受けず精度がよい）．

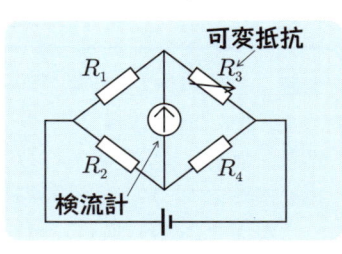

3.7 コンデンサー

電気回路では，抵抗の他に**コンデンサー**（キャパシターともいう）もよく使われる．2.9 項では例として平面コンデンサーを説明したが，コンデンサーは基本的には，2 つの導体に正負の電荷（$\pm Q$）をためるためのものであり，2.9 項で示したように，たまった電荷 Q と，導体間の電位差（電圧）V との間には比例関係がある．

$$Q = CV \quad \text{あるいは} \quad V = \frac{Q}{C}$$

C（定数）はコンデンサーの**電気容量**（**静電容量**）と呼ばれ，単位は F（ファラッド）で表される．1 C の電荷を貯めたときに 1 V の電位差が発生するコンデンサーの電気容量が 1 F である（電気容量を表す C と，電気量の単位 C（クーロン）の区別に注意）．

$$1\,\text{F} = \frac{1\,\text{C}}{1\,\text{V}} = 1\,\text{C/V}$$

ただしコンデンサーでは，μF（マイクロファラッド，10^{-6}F）あるいは pF（ピコファラッド，10^{-12}F）という単位が多く使われる．

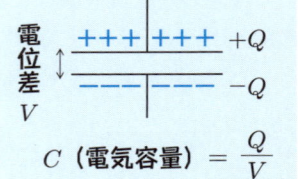

$$C\,(\text{電気容量}) = \frac{Q}{V}$$

注 コンデンサーは 2 枚の金属箔で絶縁体をはさんで巻いて作られたもの，何層も積み重ねたもの（並列接続），筒状のものなどさまざまである．電池も，両極に電荷をためるという意味では一種のコンデンサーである． ○

コンデンサーが活躍するのは交流回路（第 5 章）だが，まず，直流回路にコンデンサーをつないだらどうなるかを知っておかなければならない．ここではコンデンサーの接続と回路について，いくつかのポイントを説明する．

課題 電気容量 C_1 と C_2 のコンデンサーを直列接続したときの合成容量 C を求めよ．また並列接続するとどうなるか．
解答 全体を 1 つのコンデンサーとみなしたときの電荷と電位を求める．
直列接続：コンデンサーの電荷は外部から回路を通して供給されるものである．したがって 2 つのコンデンサーにはさまれた部分には電荷は供給されず，したがって図で，上のコンデンサーの下側にたまる電荷と，下のコンデンサーの上

側にたまる電荷は，足してゼロになっていなければならない．そのことを考えながら，各面にたまる電荷を上から決めていこう．まず上のコンデンサーの上面に電荷 Q がたまったとすると，それに引き付けられて下の面に $-Q$ の電荷がたまる（上の面から出た電気力線が下の面にすべて吸収されるためには，電荷の大きさは同じでなければならない）．すると下のコンデンサーの上面に $+Q$ の電荷が残され，したがってその下面には $-Q$ の電荷が引き付けられてたまる．結局，下の左図のような電荷分布になる．一方，全体をまとめて 1 つのコンデンサーとみなせば，外の回路につながっている部分だけを見て，上の面に $+Q$ の電荷が，下の面に $-Q$ の電荷がたまっていることになり，下の右図のような電荷分布になる．以上のことと電位差の関係 $V_1 + V_2 = V$ より

$$\frac{Q}{C_1} + \frac{Q}{C_2} = \frac{Q}{C} \quad \Rightarrow \quad \boxed{\frac{1}{C_1} + \frac{1}{C_2} = \frac{1}{C}}$$

並列接続：今度は，並列に接続されたコンデンサーの電位差 V はすべて等しいことを使う．下図のように電荷が分布するとした場合，$Q_1 + Q_2 = Q$ なので

$$C_1 V + C_2 V = CV \quad \Rightarrow \quad \boxed{C_1 + C_2 = C}$$

抵抗の場合と逆で，並列では足し算，直列では逆数での足し算になる．

3.8 過渡現象

抵抗とコンデンサーの直列接続を考える．起電力 $\mathscr{E}$ の電源（内部抵抗なし）に，スイッチ S, 抵抗 R, そして電気容量 C のコンデンサーを直列につなぐ．S を閉じた後に何が起こるだろうか．ただし S を閉じる前はコンデンサーには電荷はたまっていないとする．

コンデンサー内部では回路はつながっていないのだから，コンデンサーを通して電荷が流れることはない．しかしそこには，ある一定量の電荷をためることができる．それがたまるまでの間，コンデンサーには電流が流れ込む．その様子を調べよう．

流れている電流を I, コンデンサーにたまっている電荷を Q とする．回路を1周すると電位はもとに戻る，つまり電位差の合計はゼロになるという式を書こう．電源では $\mathscr{E}$ の電位上昇，抵抗では RI の電位降下，そしてコンデンサーでは $\frac{Q}{C}$ の電位降下があるので

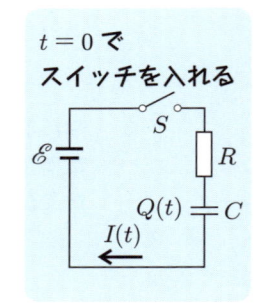

$$\mathscr{E} + (-RI) + \left(-\frac{Q}{C}\right) = 0 \qquad (1)$$

I も Q も時間の関数なので $I(t)$, $Q(t)$ と書こう．S を閉じた時刻を $t=0$ とすると，問題の条件は $Q(t=0) = 0$ であり，したがって上式より $I(0) = \frac{\mathscr{E}}{R}$ となる．つまり，S を閉じた瞬間にはまだ電荷がたまっていないので，コンデンサーから何も影響を受けず，コンデンサーがなかったかのように電流が流れだす．

その後の振る舞いを式 (1) から求めよう．式 (1) の I と Q には密接な関係がある．電流 I が流れ込んだ分だけコンデンサーの電荷 Q が増える，つまり Q の変化率が I に等しい．このことを微分を使って書けば

$$\frac{dQ}{dt} = I \qquad (2)$$

この I を式 (1) に代入すれば，Q を求める式が得られる．しかしここでは直接 I を求めるために，まず式 (1) 全体を微分する．$\mathscr{E}$ は定数だから微分をすればなくなり，

3.8 過渡現象

$$-R\tfrac{dI}{dt} - \tfrac{1}{C}\tfrac{dQ}{dt} = 0$$

ここで式 (2) を使って $\frac{dQ}{dt}$ を消去した上で少し整理すれば

$$\tfrac{dI}{dt} = -\tfrac{1}{RC}I \tag{3}$$

この式を満たす関数 $I(t)$ を求めたい．この式が意味するのは，I は微分をすると，元の関数の $-\frac{1}{RC}$ 倍になるということである．そのような関数は指数関数として知られ，$f(t) = Ae^{-kt}$ とすると (A は任意定数)，

$$\tfrac{df}{dt} = -kAe^{-kt} = -kf(t)$$

である．したがって式 (3) の答えは

$$I(t) = Ae^{-t/\tau}$$

ただし $\tau = RC$ という記号を導入した (τ はギリシャ文字のタウ)．A は式 (3) に関する限りでは何でも構わないが，この問題では $I(0) = \frac{\mathcal{E}}{R}$ という条件がついているので，$e^0 = 1$ を使えば $A = \frac{E}{R}$ となる．すなわち

$$I(t) = \tfrac{E}{R}e^{-t/\tau} \tag{4}$$

右のグラフは $I = 0$ という最終状態に指数関数的に近づく様子を表しており，このようなプロセスを**過渡現象**と呼ぶ．式 (4) は指数が負の指数関数だから，t が増えると急速にゼロに近づく．具体的には時間 t が τ だけ経過するたびに電流は e 分の 1 になる ($e \fallingdotseq 2.7\cdots$)．電流は決してゼロになることはないが，たとえば τ の 10 倍の時間が経過すれば 2 万分の 1 以下になるので，実質的にゼロになると考えていいだろう．τ はこの回路の振る舞いの時間的なスケールを表す量であり**時定数**と呼ばれる．コンデンサーに $C\mathcal{E}$ だけの電荷がたまればそこでの電位降下が電源での電位上昇とバランスしてしまうので，もはや抵抗には電位差がなくなり電流が流れない．ただし厳密に $C\mathcal{E}$ の電荷がたまるまでには無限の時間がかかる (章末問題 3.16)．

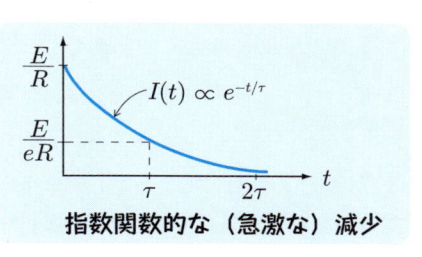

指数関数的な（急激な）減少

● 復習問題

以下の [　] の中を埋めよ（解答は 66 ページ）．

□**3.1** 電源に，導体でできた線（導線）をつなぐと，導線内に，線とほぼ平行に [①] ができて [②] が動き出す．この状態を電流が流れているという．[①] による電気力と抵抗力がつり合うことで，[②] は平均として一定の速さで動く．その速さが電気力の大きさに比例するとき，[③] の法則が成り立ち，電圧と電流が比例する．

□**3.2** 回路の式は，1 周すると [④] が元に戻るという考え方で得られる．電流が流れる方向に考えると，[④] は電源の所で [⑤] し，抵抗があるところで降下する．電源での [④] の差は [⑥] の大きさに等しいが，内部に抵抗がある場合にはその分だけ減る．

□**3.3** 抵抗を直列接続したときの合成抵抗は [⑦] で得られ，並列接続したときの合成抵抗は [⑧] で得られる．

□**3.4** 直列とも並列ともみなせない複雑な回路の合成抵抗は，[⑨] の法則によって求める．この法則では，回路内の各 [⑩] に対して電位の式を書き，それを連立方程式として解いて各部分を流れる電流を求める．

□**3.5** [⑪] とは抵抗値を精密に測定するための回路である．

□**3.6** コンデンサーの場合の合成電気容量は，直列接続では [⑫]，並列接続では [⑬] で得られる．

□**3.7** 電池の両極に抵抗とコンデンサーを直列につないだ回路で，コンデンサーに電荷のない状態でスイッチを入れる．最初はコンデンサーに [⑭] がないので，あたかもコンデンサーがないかのように電流が流れだす．しかしコンデンサーに急速に電荷がたまり，電荷が流れ込みにくくなるので，[⑮] は急速に減ってゼロに近づく．このような，最終的な状態への急速な移り変わりの過程を [⑯] 現象という．

● 応用問題

□**3.8** (a) 次ページの図の回路で，電流 I を右回り（時計回り）に定義した場合と，左回り（反時計回り）に定義した場合の，電位の式の違いを説明せよ．ただし，電位の変化は右回りに計算することにする．

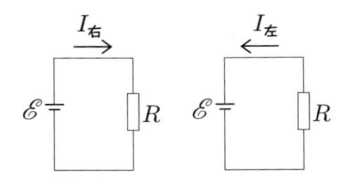

(b) また，電流 I を右回りに定義すると，電位の変化を左回りに計算した場合には，電位の式はどうなるか．

☐ **3.9** 起電力 $\mathscr{E}$ の電源に抵抗 R をつなげた．消費電力はすべて熱エネルギー（ジュール熱）になるとして，次の問いに答えよ．

(a) 電源に内部抵抗がない場合に，単位時間に抵抗で発生するジュール熱を求めよ．R を変えてそれを最大にするには，どうすればよいか．

(b) 電源に内部抵抗 r がある場合に，単位時間に（外部の）抵抗で発生するジュール熱を求めよ．R を変えてそれを最大にするには，どうすればよいか．

☐ **3.10** (a) 起電力が等しい 2 つの電池を並列に接続した．合成内部抵抗 r は，いずれの電池の内部抵抗よりも小さいことを示せ（3.4 項課題 3 の結果を使ってよい）．

(b) これに抵抗 R をつなげた．起電力を $\mathscr{E}$ としたとき，流れる電流，および各電池に流れる電流の比率を求めよ．

☐ **3.11** 下のような回路を考える（電池に内部抵抗はないものとする）．図のように電流 I を定義したとき，キルヒホッフの法則を使って I の値を求めよ（回路は左右対称だから，回路上部の左側と右側の電流は等しいとした）．

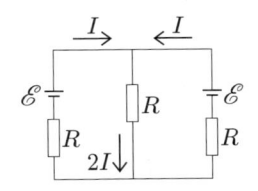

☐ **3.12** 3.3 項課題 3(b) の回路で，AB 間の電圧が V であるとき，CD 間の電圧，EF 間の電圧を求めよ（解答で求めた，各部分の合成抵抗を使う）．

☐ **3.13** 次ページの図の AB 間の合成抵抗を，キルヒホッフの法則を使って求めよ．ただしすべての抵抗の抵抗値は R であるとする．

(a) 図のように各部分の電流を定義し，キルヒホッフの第 1 法則を使って，I_2, I_4 および I_5 を，I, I_1 および I_3 を使って表せ．

(b) 下図の2つのループに対して電位の式（キルヒホッフの第2法則）を書け．

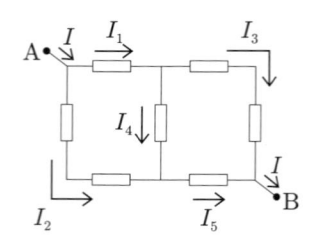

(c) 得られた2つの式を解いて，I_1 と I_3 を求めよ．
(d) AB間の電位降下 V を $I_1 R + 2 I_3 R$ によって計算し，合成抵抗を求めよ．
(e) この回路は3.6項で計算した回路の一例であることを示し，(d)の答えを3.6項式(1)と比較せよ．

□**3.14** 抵抗 R とコンデンサー C が並列に接続され，抵抗には一定の電流 I が流れている．コンデンサーにたまっている電荷 Q を求めよ．

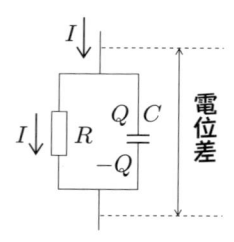

□**3.15** 3.8項での時定数 τ は RC であった．RC の単位が時間であることを確かめよ．また $C = 1\,\mu\mathrm{F}$ のとき，τ を1秒とする R の大きさを求めよ．

□**3.16** 3.8項の課題で，コンデンサーにたまる電荷 $Q(t)$ を求めよ．

復習問題の解答 ─

① 電場（または電気力線），② 自由電子，③ オーム，④ 電位，⑤ 上昇，⑥ 起電力，⑦ 足し算，⑧ 逆数の足し算，⑨ キルヒホッフ，⑩ ループ，⑪ ホイートストン・ブリッジ，⑫ 逆数の足し算，⑬ 足し算，⑭ 電位差，⑮ 電流，⑯ 過渡

第4章

磁気現象の基本

　磁石というものの存在は昔から知られていたが，磁石は電流にも反応し，また，電流どうしも力を及ぼし合うこともわかった．そして磁気の理論は，電流を基本として組み立てられることになった．電流の周囲に磁場ができ，周囲に別の電流があると，それは磁場から力を受ける．電場と電荷の関係に似ているが，具体的な内容はかなり異なる．磁場は電流の周りに渦巻き，電流は磁場と直角な方向を向く力を受ける．

磁気力と磁場
磁気現象の基本法則
磁石の性質の電流による説明
磁場と磁気力の大きさ
アンペールの法則
アンペールの法則の応用
磁気力（ローレンツ力）
磁気力を利用した発電
発電機とモーター

4.1 磁気力と磁場

　鉄鉱石の一種である磁鉄鉱は，鉄を引き付けることが昔から知られていた．天然の永久磁石である．磁石間の力，あるいは磁石が鉄を引き付ける力を，(電気力と対照させて) 磁気力と呼ぶことにする．またこの種類の現象を一般に磁気現象と呼ぶ．

　磁石には，力がもっとも強い部分 (**磁極**) が両端にあり，N極，S極と呼ばれる．同じ極は反発し合い異なる極は引き付け合うことから，電荷に正負があるのと同様に，正負2種類の**磁荷**が存在するのではと想像された．

　電荷間の力に対してクーロンの法則というものを提案したクーロンは，棒磁石についても同様の実験をし，磁荷のクーロンの法則というものも提案した．磁荷間の力はその距離の2乗に反比例するという，電荷の場合と同じ形の法則であった．

　「磁極」という言葉と，「磁荷」という言葉を使い分けていることに注意していただきたい．磁極とは単に，磁気力が一番強くなる位置を指し，そこに何かがあるのか，ないのかは問題にしていない．クーロンはその位置に，磁荷というものが存在すると考えた．

　しかしこのような考え方には問題があることがわかった．2種の極があるという点では磁気と電気は似ているが，大きく異なる部分がある．電気の場合，正あるいは負に帯電した物体 (あるいは粒子) が存在する．しかし磁気の場合，全体としてN極，あるいはS極になっているという物体は存在しない．N極とS極は必ずセットで現れる．磁石を分割すれば，分割した部分には必ず，N極とS極が新たに発生し，一方の極だけを分離することはできない．つまり，N極，S極という性質をもつ単独のもの (粒子) は存在しないのではないかと想像された．ではN極とかS極とは何なのだろうか．

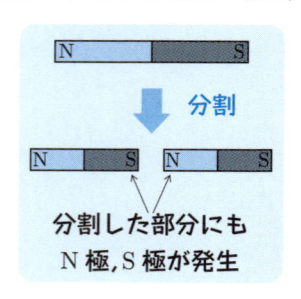

4.1 磁気力と磁場

電流の磁気現象　そのような疑問があるときに（19世紀初頭），まったく新しい磁気現象が発見された．電流に磁石が反応するという現象である．電池というものが発明され電流を使った実験ができるようになって可能になった発見である．

それによれば，電流の周囲に小さな方位磁石を置くと，方位磁石は向きを変える．たとえば鉛直に立てた導線に電流を流し，それと直交する水平面上に方位磁石を置くと，方位磁石は電流を中心とした円周方向に向く（電流が弱いと地磁気の影響が勝って必ずしもそうはならないが）．電流が磁気現象をもたらしている．

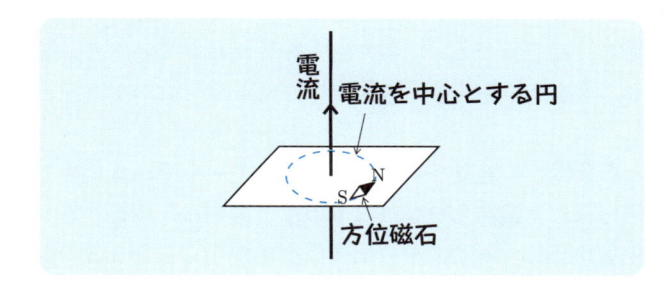

方位磁石1つだけでは全体像が見えにくい．そこで水平面上に鉄粉をまき，面をつらぬいている導線に電流を流して，鉄粉が描く模様を観察してみよう．幾つかの例を図示する（導線を円形の筒状に巻いたコイルを**ソレノイド**という）．

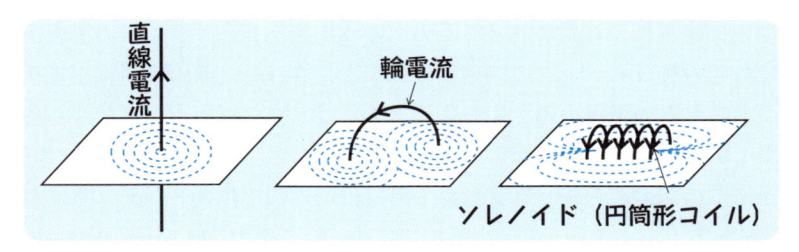

鉄粉の向きをつなげてできる線を**磁力線**と呼ぶ．電気での電気力線に対応するものである．電気力線は，電荷に働く力の方向（電場の方向）を結んだ線であった．鉄粉の場合も同様に考えられる．磁石あるいは電流の周囲にまかれた鉄粉は，その影響でそれ自体が小磁石になる（磁化というが，その説明は6.3項を参照）．その小磁石のN極とS極が反対側に引っ張られ，鉄粉の向きが決まる．

つまり磁力線とは，磁極が引っ張られる方向を向く線ということになり，電荷と電気力線の関係に対応することがわかるだろう．

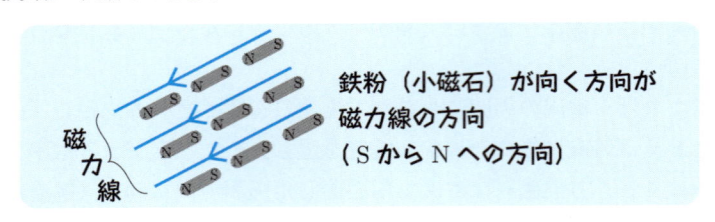

鉄粉（小磁石）が向く方向が磁力線の方向
（SからNへの方向）

磁力線

　そして磁力線の方向についていえば，前ページの図からわかる磁力線はみな，「電流を軸として渦巻く」と考えれば理解できる．直線電流の場合は文字通り渦巻いているが，輪電流でも，1本の磁力線をたどっていくと，電流の周りを1周して戻ってくる．ソレノイドの場合は，輪電流を並べたものと考えればわかるだろう．

電流の磁場と永久磁石の磁場　電気力線は，ベクトルである電場をつなげたものである．磁力線も，**磁場**をつなげたものだと考える．つまり電流があるとその周囲には磁場が発生するが，その全体像を見やすくしたものが磁力線である（磁界あるいは**磁束密度**という用語もあるが，ここでは磁場で統一する）．

　電場と磁場の発生メカニズムは大きく異なる．電場は正電荷から湧き出し，負電荷に吸い込まれる．一方，磁場は電流の周りに渦巻くように発生する（ただし第5章では渦巻く電場もあることを説明するが）．

　では永久磁石による磁場はどうなのだろうか．たとえば棒磁石の場合，磁石外部での磁力線は右ページの図のようになる．これは，棒の両端に正電荷と負電荷があるときの電気力線と同じ形であり，だとすれば両端の磁荷から磁場が湧き出しているとはみなせないのだろうか．

　確かにこの図の磁力線と電気力線の形は磁石外部では同じだが，電流だけからできているソレノイドでもその外部では同じ形になる（右ページ3つ目の図）．ソレノイドでは，磁力線は磁極から湧き出しているのではなく，内部を通って渦巻いている．結局，磁場に湧き出しがあるのかないのかを判断するには，磁石内部で磁場がどうなっているかを考えなければならない（**磁束線**という言葉も使って2つのタイプの線を両方考えることもあるが，この本では磁力線という用語のみで話を進める）．

4.1 磁気力と磁場

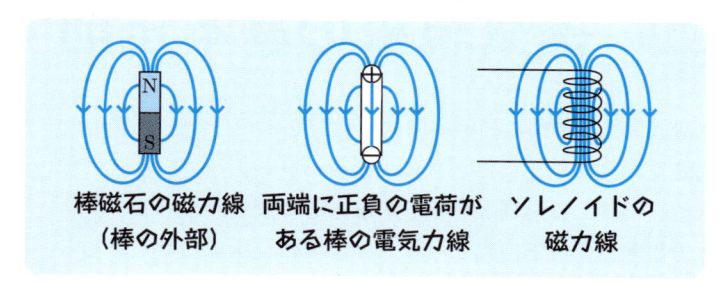

棒磁石の磁力線 両端に正負の電荷が ソレノイドの
（棒の外部）   ある棒の電気力線   磁力線

　この問題が面倒なのは，永久磁石による磁場の起源が，電流でも磁荷でもないことである．20世紀になってからわかったことだが，電子は電荷がマイナスであるという性質の他に，**スピン**という性質をもつ．スピンとは自転といった意味であり，球である電子がくるくる回っているといった絵を描くこともある．しかしこれは正しい表現ではない．電子は大きさをもっていないとみなされているので，スピンは直観的なイメージでの自転ではなく，量子論（第4巻参照）で考えて初めて理解できる量である．スピンは磁荷ではなく，従来の意味での（つまり電荷の運動という意味での）電流でもない．

　しかし量子論でのスピンの効果を，拡張された意味での電流として表現することができる．その意味では磁石による磁場も，ソレノイドのようなもの，つまりどこからも湧き出しておらず，中を通って渦巻いていると考えた方が，ミクロな見方（量子論的な見方）とは整合的である．といっても，仮想的な磁荷を導入して磁石を考えることも，その適用限界に注意さえすれば，かえって直観的にわかりやすいこともある．そして実際，両方の見方が場合に応じて使われている．

　というわけで，磁石まで考えるといろいろ複雑なことがあるのだが，この本ではまず，電流間で起こる現象を磁気現象の基本として考える．磁石の性質を考える場合には，たとえば棒磁石だったらソレノイドに置き換えて，電流として考えることにする．こうすれば，電流の周囲に置かれた磁石の向きについても，電流間の相互作用として分析することができる．ただし磁荷を使った見方についても付録Cで解説する．

4.2 磁気現象の基本法則

　平行に置かれた，無限に長い直線状の導線2本に，電流が流れているとする．電流が同じ方向に流れているときは引き付け合い，逆方向に流れているときは反発し合う．これを，磁場というものを通して説明してみよう．

　まず片方の電流だけあったとしよう．前項の説明を受け入れると，その電流によって，その周囲には磁場が渦巻くことになる．ただ渦巻くといっても右巻きと左巻きの2通りある．どちらであるかは置いた方位磁石の向きでわかるが，電流の方向によって反対になり，「電流が流れる方向を向いて右回り」である．

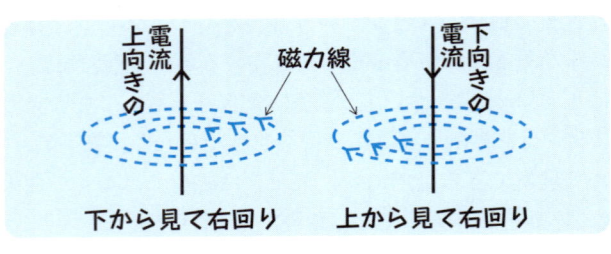

　次に，磁場が生じたところに別の電流をもってくる．その電流は磁場から力（**磁気力**）を受けるが，電流，磁場，そして力の3つの方向の関係が問題になる．

　2つの電流が同じ向きに流れているケースを図示した．A点に着目しよう．電流は上向き，磁場は紙面の裏向きであり，（電流は引き合っているのだから）力は左向きである．3つの方向を取りだすと右側の図になる．

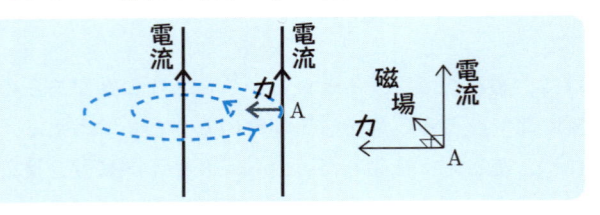

> **課題** 上の話で，もし後からもってくる電流が下向きだったら，電流は（逆方向なので）反発し合い，力は右向きである．このとき，電流，磁場，力の3つの方向を取り出した図を描け．それが，電流上向きのケースと同じであることを説明せよ．

> **解答** 3つの方向を取りだすと，右側の図になる． 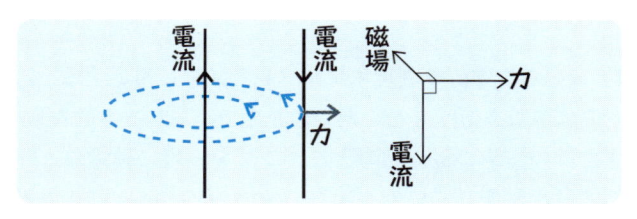
>
> この図で，磁場の方向を軸として電流の方向を上向きに180度回転させると，力の方向も180度回転して左向きになり，前ページの図と同じになる．

電流と磁場と力の向きの関係がどのように表現できるか考えてみよう．力（磁気力）は電流にも磁場にも垂直である．つまり電流と磁場という2つのベクトルで決まる平面を考え，その平面に垂直な方向が磁気力の方向である．平面に垂直といっても表裏2つ方向があるが，よく知られた覚え方が2つある．

1. 右ねじの法則 電流から磁場の方向へと右ねじを回したときにねじが進む方向が磁気力の方向（右ねじとは我々が日常で使う普通のねじのこと．ねじの溝を逆回りに付けると左ねじになる）．

2. フレミングの左手の法則 左手の中指を電流，人差し指を磁場の方向に向けたときに，それらに対して垂直方向に向けた親指が向いた方向が力の方向，電・磁・力という順番に指に割り振る（フレミングとはこの覚え方を自分の本に書いた人の名前）．

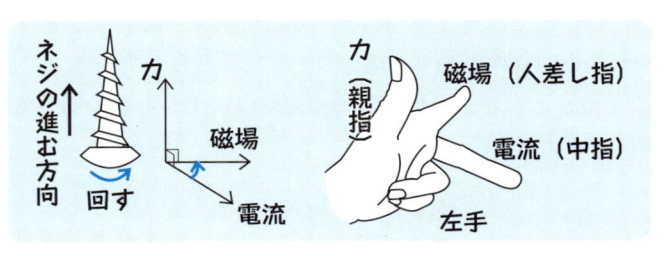

磁気力は常に電流にも磁場にも垂直だが，電流は斜め方向に置くこともできるのだから，電流と磁場は垂直とは限らない．電流と磁場の角度が小さくなると磁気力も減り，平行（角度0）だと磁気力もゼロになるが，詳しくは4.7項参照．

4.3 磁石の性質の電流による説明

4.1項では，棒磁石を電流で表現すればソレノイドに対応すると説明した．しかしソレノイドは導線を何度も巻いたものなので，より基本的なものとして，1つだけの円または四角形の電流を考える．これを一般に**輪電流**と呼ぶ．何か電源が付いていて電流が流れていると考えてもいいし，抵抗が0なので，何らかの理由で流れ始めた電流がそのまま永久に流れていると考えてもいい．

輪電流はその形から，板磁石に対応させることができる．それを下の図に示したが，重要なのは板磁石のN極，S極と，輪電流での電流の向きとの関係である．板磁石では磁力線はN極から外に出て，外を回って下からS極に戻る．一方，輪電流では，電流の方向を向いたとき磁場は右回りに渦巻くという原則から，電流の向きが下の図のような場合（⟶ の部分が手前），磁力線は上に出て外を回って下から戻ってくることがわかる．つまり下の図の板磁石と輪電流が，同じ磁場を作るという意味で対応する．板磁石のN極とS極をひっくり返せば，対応する輪電流の向きも逆にしなければならない．

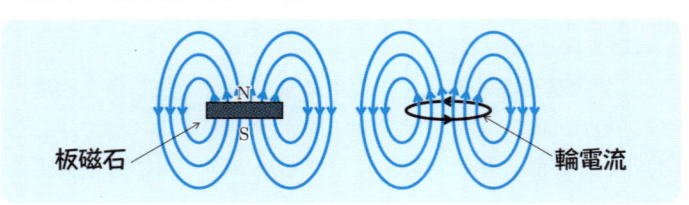

板磁石　　　　　　　　　　　輪電流

次に，方位磁石はなぜ北を向くのか，という問題を輪電流を使って考えてみよう．N極が北を向くのだから，地球の北極にはS極があることになる．南極にはN極があり，したがって地表上の磁力線は，南から北に向いている．

2つの状況を考えよう．

> 状況1：　方位磁石のN極を北向きに置いた場合
>
> 状況2：　方位磁石のN極を東向きに置いた場合

ここでは方位磁石を，正方形の輪電流として考える．辺ごとに力の向きを考えよう．各辺で電流の方向，磁場の方向を考え，前項の法則を使って力の方向を決める．

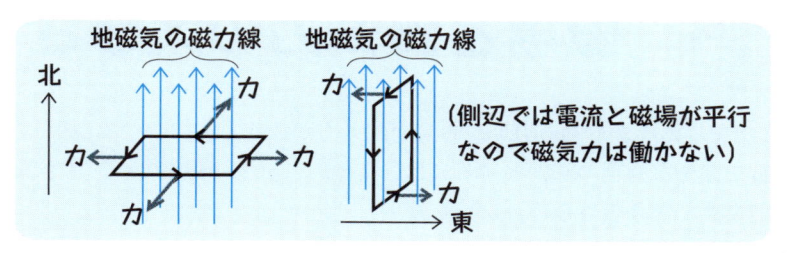

4.3 磁石の性質の電流による説明

状況1の場合，各辺に働く力はすべて外向きである．つまり力はつり合って，合力はゼロ，つまり輪電流（＝方位磁石）は動かない．

一方，状況2では，全体を回転させるように磁気力が働く．状況1や状況2で電流を逆向きに流したらどうなるかも考えていただきたい（章末問題4.2）．

上の2例では輪電流は向きを変えることはあっても，どちらかに引き付けられるということはない．これは磁力線を南北に平行に描いたからである．北極も南極も非常に遠方なので，狭い範囲では磁力線は平行であるとみなしていいだろう．

しかし2つの磁石の引き付け合い，あるいは反発を考えるときには，磁極は近くにあるとしなければならず，磁力線はもはや平行ではない．たとえば，板磁石のN極が棒磁石のS極に引き付けられることを示す場合，棒磁石の磁力線は下の図のように末広がりになる．そこに正方形の輪電流を水平に置くと，各辺に働く力（電流にも磁力線にも垂直）は斜め上向きになり，その合力は上向きになる．これによって，磁石のN極とS極が引き付け合うことが，電流に対する前項の基本法則から示されたことになる．

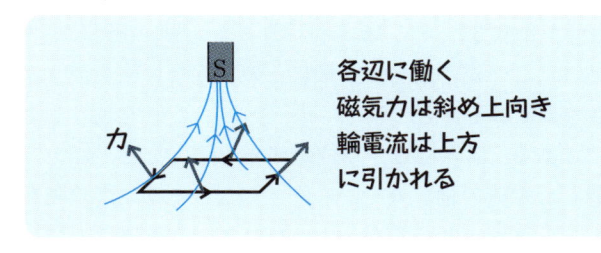

4.4 磁場と磁気力の大きさ

4.2 項では磁場ができる方向，および磁気力が働く方向について説明したが，それらを完全な物理の法則とするには，具体的に磁場や磁気力の大きさを決める法則を式で書き表さなければならない．

電気力の場合，まず電荷間の力の法則を書き（クーロンの法則），それを，電場を与える法則と，電場が電荷に力を及ぼす法則（$F = qE$）の 2 つに分けた（2.2 項）．磁気力でも，まず平行電流間の力の法則を書くことから始めよう．

2 本の無限に長い平行な直線電流があり，流れている電流をそれぞれ I_1 および I_2 とする．電荷間の電気力は距離の 2 乗に反比例したが，このような電流間に働く磁気力はその間の距離自体に反比例する（2.5 項で示したように，無限の直線上に電荷が一様に分布している場合にも，それによる電場の強さは距離自体に反比例していた）．

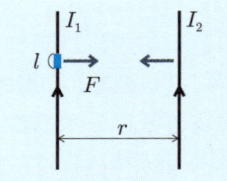

また，電流間の力は，それぞれの電流の大きさにも比例するだろう．そこで，各電流の長さ l 当たりに働く力を

$$F = \frac{\mu_0}{2\pi} \frac{I_1 I_2}{r} l \tag{1}$$

と書く．作用・反作用の法則があるので，どちらの電流でもこの式は変わらない．$\frac{\mu_0}{2\pi}$ はここで導入した比例係数である．わざわざ 2π を付けた理由は次項でわかる（クーロンの法則を書いたときも，ε_0 に 4π を付けたことを思い出していただきたい）．

比例係数の値は，この式に登場する量にどのような単位を使うかによって変わる．力や長さの単位はそれぞれ N（ニュートン）と m を使うことにして，問題は電流の単位である．電流とは，単位時間当たり（たとえば 1 s 当たり）に，ある場所を通過した電荷の量なので，電荷を C（クーロン）で表せば電流の単位は C/s（クーロン毎秒）となるが，クーロンという単位は逆に，電流の単位を使って定義されていた（1.8 項）．

1.8 項でも少し触れたが，現在の国際的な慣習では，まず電流の単位を直線電流間の力から定義し，それから電荷の単位を決めることになっている．具体

4.4 磁場と磁気力の大きさ

的には，電流の単位を A（**アンペア**）と書き，それを次のように定義する．

> **アンペアの定義：**
> 2本の，無限に長い平行な直線が $1\,\mathrm{m}$ 離れて置かれており，両方に同じ大きさの電流が流れているとする．その直線の $1\,\mathrm{m}$ 当たりに働く力が $2\times 10^{-7}\,\mathrm{N}$ であるときの各電流の大きさを $1\,\mathrm{A}$ とする．

> **課題** 上の定義から，式 (1) の比例係数 $\frac{\mu_0}{2\pi}$ の値を求めよ．
> **解答** 定義の条件を式 (1) に入れる．$F=2\times 10^{-7}\,\mathrm{N}$, $I_1=I_2=1\,\mathrm{A}$, $r=1\,\mathrm{m}$, $l=1\,\mathrm{m}$ を代入すると
> $$2\times 10^{-7}\,\mathrm{N} = \frac{\mu_0}{2\pi}\times (1\,\mathrm{A})^2$$
> より
> $$\frac{\mu_0}{2\pi} = 2\times 10^{-7}\,\mathrm{N/A^2} \tag{2}$$

上の定義で力の大きさにわざわざ 10^{-7} という小さな数を持ち出したのは，このようにして A（アンペア）という単位を定義すると，1 A が，通常使われる電流の大きさ程度になるからである．磁気力は電気力に比べるとかなり小さい．

次に，磁場という量を導入して式 (1) を次のように分けよう．電流 I_1 によってその周囲に生じる磁場を B と書き，その磁場によって電流 I_2 の長さ l 当たりに働く力を F とすると，

> I_1 による磁場 ： $B = \frac{\mu_0}{2\pi}\frac{I_1}{r}$ (3)
> I_2 の長さ l 当たりに働く力： $F = I_2 B l$ (4)

となる．I_1 に働く力は，この式で I_1 と I_2 を入れ替えればよい．

ただし上の2つの式は特殊なケースに過ぎない．たとえば式 (3) は電流から磁場を求める法則だが，直線電流の場合に限る．一般に電流が流れる導線は曲がっている．このような一般の状況に使えるのがビオ-サバールの法則（付録 A 参照）というものだが，実際には少し形の違ったアンペールの法則という法則が重要であり，それは次項で解説する．また式 (4) は磁気力を与える法則だが，磁場 B と電流 I_2 が垂直な場合に限る．そうではない一般の場合は 4.7 項で解説する．

4.5 アンペールの法則

電場は電荷から湧き出す．湧き出す量を表す法則がガウスの法則だった（2.4項）．それに対して，磁場は電流の周りを渦巻く．その渦巻く量を表す法則が，この項で説明する**アンペールの法則**である．

> **課題 1** 無限に長い直線に電流 I が下から上に流れている．直線を中心としそれに垂直な，半径 r の円周上での，磁場の大きさの合計（積分）を求めよ．
>
> **考え方** この円周上では磁場の大きさは一定だから，積分といっても単に，磁場の大きさに，円周の長さを掛ければよい．
>
> B の大きさ $= \dfrac{\mu_0}{2\pi} \dfrac{I}{r}$
>
> 円周の長さ：$2\pi r$
>
> **解答** 円周上での磁場の大きさは $\dfrac{\mu_0}{2\pi}\dfrac{I}{r}$ だから
>
> $$\text{磁場の大きさ} \times \text{円周} = \frac{\mu_0}{2\pi}\frac{I}{r} \times 2\pi r = \mu_0 I \tag{1}$$

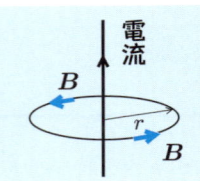

磁場は半径に反比例し円周は半径に比例するから，その積は円の半径に依存しない定数になるということがポイントである．円周上での磁場の大きさの合計は，円の大きさ r に関係なく，その円をつらぬく電流の大きさ I で決まる．

このことは，考える線が円でなくても，また，つらぬく電流が一本でなくても成り立つことが知られており，これがアンペールの法則である．つまり，任意の閉曲線（1 周すると元に戻ってくる曲線，つまり端がない曲線）C に対して，次の関係が成り立つ．

> **アンペールの法則：**
> 閉曲線 C に沿っての磁場の大きさの合計
> $= \mu_0 \times$ 閉曲線 C で囲まれる面をつらぬく電流の総量 $\tag{2}$

4.5 アンペールの法則

ただし,「C に沿って」とは, 磁場の, C 方向への射影（成分）という意味である. もし磁場が C に垂直だったら, C に沿っての磁場はゼロになる.

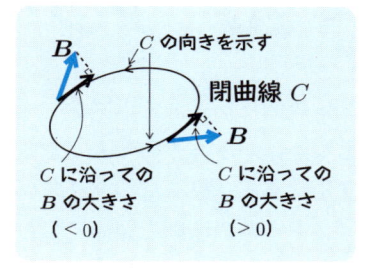

また, C には（どちらでもいいが）方向を決めておかなければならない. それに応じて, 左辺の磁場の正負, 右辺の電流の正負が変わる. たとえば磁場（の射影）が C と同じ方向を向いている場合は,「C に沿っての磁場」はプラスとするが, 逆ならばマイナスである. また, C の向きが左回りに見える側を,（C で囲まれる面の）表側だとし, 裏から表につらぬく電流をプラスとする. 電流の方向を向いたときに C が右回りならばその電流はプラスとする, と覚えてもよい. 逆ならばマイナスである.

課題 2 課題 1 の例（電流は上向き）で, アンペールの法則の両辺の符号が一致していることを確かめよ.

考え方 左ページの図の円周を, 上から見て左回りの線とみなした場合と, 右回りの線だとみなした場合のそれぞれについて考えよ.

解答 (a) 円周を上から見て左回りの線だとした場合：（電流の方向は上向きなので）磁場の渦は上から見て左回り, これは円周の向きと同じなので, 磁場の大きさはプラスである. また, 上側が表になるので, 電流は裏から表につらぬいていることになるからプラスであり, 式 (2) の両辺の符号はどちらも正.

(b) 円周を上から見て右回りの線だとした場合：磁場の渦は円周の向きと逆なので, 磁場の大きさはマイナス. また電流は表から裏につらぬくのでマイナスになる. つまり式 (2) の両辺の符号はどちらも負になり, つじつまがあっている.

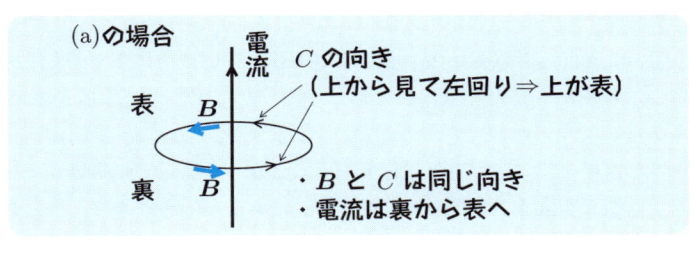

4.6 アンペールの法則の応用

一般的なケースでのアンペールの法則はビオ-サバールの法則（4.4 項の最後を参照）から導くこともできるが，これ自体が磁場の基本法則であるとみなす立場もある（第 7 章のマクスウェルの理論を参照）．いずれにしろこの章では，アンペールの法則を認めてもらったうえで，その応用を紹介しよう．

> **課題 1**　（平面電流）水平に無限に広がる平面全体に，手前方向に一様な電流が流れている．横方向の単位長さを流れる電流の大きさ，つまり電流面密度を j (>0) とする．平面の上下の磁場の方向および大きさを求めよ．
>
> **考え方**　磁場は電流の周りに渦巻くということから，磁場はどの方向を向くかをまず考える．その上でアンペールの法則を使い，その大きさを求める．
>
> **解答**　平面電流は，直線電流が横にずらっと並んだものとみなせる．もし直線電流が等間隔に並んでいたとすると，各電流の磁場は渦になるので，全体としては左の図のような磁場ができるだろう．各直線の近くを除き，面の上では左方向，面の下では右方向に伸びる磁力線ができる．直線がぎっしりと連続的に並んでいる極限では，右の図のような，平面に平行，図の左右にまっすぐ伸びる磁力線になることは想像できるだろう．

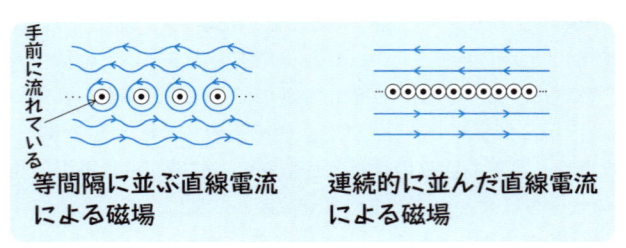

等間隔に並ぶ直線電流による磁場 ／ 連続的に並んだ直線電流による磁場

このことを前提にしたうえで，アンペールの法則を使う．閉曲線 C としては，次ページの図のように，縦の長さ $2a$，横の長さ b の，平面電流にまたがる長方形を考える．こちら側から見たときに長方形は左回りだとすれば，手前が表になり，電流は裏から表につらぬいているのでプラス，その大きさは bj である．

また長方形は平面に対して上下対称であることから，上辺での磁場と下辺での磁場は向きは逆だが大きさは同じはずであり，それを $B(a)$ と書く．またこの長方形の左右では磁場は辺に垂直なので，「C に沿っての」磁場はゼロ．結局，アン

ペールの法則は

$$\text{磁場} \times \text{長さ} = B(a) \times 2b = \mu_0 bj$$

（上辺と下辺を合わせて長さを $2b$ とした）．
これより

$$B = \frac{\mu_0 j}{2} \qquad (1)$$

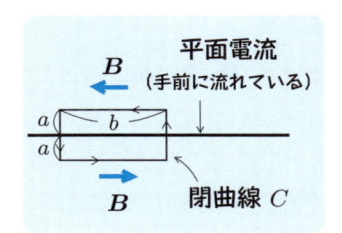

となる．結果は電流平面からの距離 a に依存しないので，単に B と書いた．

磁場の大きさが面からの距離によらない点が面白い．無限に広がっている平面に電荷が一様に分布しているときも，電場も距離にはよらなかった（2.5項）．

課題2 （ソレノイド）単位長さ当たりの巻き数が n，流れる電流が I の，無限に長いソレノイドの内部の磁場を求めよ．

考え方 ソレノイドが無限に長い場合は磁力線は内部に閉じ込められ，外部には出てこない．このことを直観的に理解するには，「外部の磁場に関しては」ソレノイドは磁荷イメージでの棒磁石と同じであることを考えればよい．無限に長い棒磁石では N 極と S 極が無限の遠方にあるので磁場は作れない．

解答 磁力線はソレノイドの筒に平行になっている．そこで閉曲線 C として，下図のような長さ d の長方形を考える．ソレノイドの導線はこの長方形を nd 回つらぬくので，つらぬく全電流は ndI である．また RS 部分には磁場はなく，PS と QR 部分には，磁場があったとしても辺に垂直なので，「長方形に沿っての」磁場はない．したがって，PQ 部分の磁場を B とすれば，アンペールの法則は

$$B \cdot d = \mu_0 ndI \quad \Rightarrow \quad B = \mu_0 nI \qquad (2)$$

となる．これは定数で，内部のどの位置でも同じである．つまりソレノイド内部では磁場は一様であることがわかる．

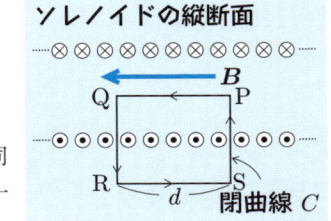

4.7 磁気力（ローレンツ力）

　これまでは，電流がどのような磁場を作るかを考えてきた．この項では逆に，磁場が電流に与える力（磁気力）について議論する．

　4.4項では $F = IlB$ という公式を導いた．これは，磁場 B がある場所に電流 I が流れているとき，その電流の，長さ l の部分には，IlB の力が働くという意味である．力の方向については，力は電流にも磁場にも垂直な方向で，右ねじの法則あるいはフレミングの左手の法則で与えられる（4.2項）．

　ただ，$F = IlB$ は平行電流間の力から導いた関係であり，電流と磁場が直交している場合の式であった．一般には電流と磁場が直交しているとは限らない．直交していない場合には磁気力はどう表されるだろうか．

　電流とは電荷の流れである．そこでまず，電荷が1つ，速度 v で動いているときに磁場から受ける力を表す，ローレンツの公式というものを説明しよう．速度とは物理学ではベクトルである．つまり速さを表すだけではなく移動方向も表す．また磁場も，方向をもっていることはすでに説明した．磁力線の方向である．そして力も，方向をもつ量であり，ベクトルである．つまり，磁気力を決めるとは，速度と磁場という2つのベクトルから，力という3つ目のベクトルを決める問題である．

　この問題に役立つ数学の概念として，**外積**という一種の掛け算を説明しよう．これは，2つのベクトルがあったとき，そのどちらにも垂直な第3のベクトルを決める方法である．最初の2つのベクトルを $\boldsymbol{a}, \boldsymbol{b}$ とする．ベクトルであることを示すために太文字にした．そして，$\boldsymbol{a}$ にも $\boldsymbol{b}$ にも垂直で，$\boldsymbol{a}$ と $\boldsymbol{b}$ で決まる平行四辺形の面積（$ab\sin\theta$）に等しい大きさをもつ第3のベクトル $\boldsymbol{c}$ を $\boldsymbol{a}$ と $\boldsymbol{b}$ の外積といい

$$外積：\quad \boldsymbol{a} \times \boldsymbol{b} = \boldsymbol{c}$$

と表す．

　どちらにも垂直といっても2方向あるが，$\boldsymbol{a}$ から $\boldsymbol{b}$ に右ねじを回したときにねじが進む方向を $\boldsymbol{c}$ の方向とする．

　外積を使って，磁気力（ローレンツ力ともいう）に対するローレンツの公式を説明しよう．それによれば，電荷 q をもつ粒子が，磁場 $\boldsymbol{B}$ の中を速度 $\boldsymbol{v}$

4.7 磁気力（ローレンツ力）

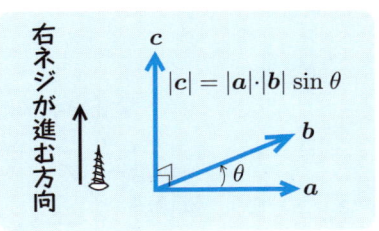

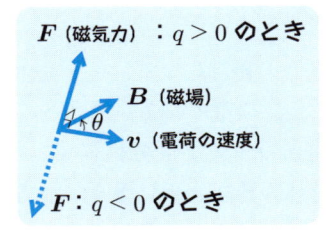

で動いているとき受ける力 F は

$$\text{磁気力（ローレンツ力）:}\quad F = qv \times B$$

である．ただしここで q はベクトルではない単なる数（スカラーという）であり，ベクトル $v \times B$ の長さを q 倍する（あるいは v を q 倍してから B との外積を求める）という意味である．q が負のときは q 倍すると方向は逆転する．

この公式を使って，電流に働く力を求めてみよう．

課題1 電流に働く磁気力を次の手順で求めよ．
(a) 導線内で速さ v で動いている電子1つに働く磁気力を求めよ．ただし導線と磁場のなす角度を θ とし，電子の電荷を q とする．
(b) 導線の単位長さの中に自由電子が n 個あるとしたとき，長さ l 内の電子全体に働く磁気力の和を求めよ．
(c) その結果を電流 I を使って書き直せ．

解答 (a) 外積の大きさの公式より，$F = qvB\sin\theta$
(b) 電子の総数は nl だから，$F = qvB\sin\theta \times nl$
(c) 電流 I とは，単位時間に，ある場所を通過する電荷の総量であるから $I = qnv$．したがって

$$F = (qnv)B\sin\theta \times l = IBl\sin\theta$$

導線と磁場が直角ならば，$\sin\theta = 1$ だから，この項の最初にあげた公式 $F = IBl$ になり，また，導線と磁場が平行ならば $\theta = 0$ すなわち $\sin\theta = 0$ となって，磁気力がゼロになることもわかる．

4.8 磁気力を利用した発電

磁気力を利用して電位差を発生させる原理を説明しよう．発電である．

上向きの一様な磁場があったとする．そこに1本の導体の棒を水平に置き，横方向に動かす．棒は最初は磁場のない領域を動いており，ある時点で，一様な磁場がある領域に入ったと考える．

棒が速度 v で動くと，その中にある自由電子もその方向に速度 v で動く．自由電子の電荷を q とすると，電子は磁場が存在する領域に入った瞬間に，図の P 方向に qvB の磁気力を受け，その方向に移動する（ただし電子の電荷 q はマイナスなので，電子自体は $-P$ 方向つまり Q 方向に動くが，プラスの電荷をもった粒子が P 方向に動くと考えたほうがわかりやすい．いずれにしろ電流の流れる方向は Q から P である）．結局，P 付近にはプラス，Q 付近にはマイナスの電荷がたまり，P から Q に向かう電場 E ができる．それによる電気力 qE と磁気力 qvB がつりあって電子の動きは止まる．これは電池の両極に電荷がたまっている状況と同じである．つまり磁場内を動く導体棒は起電力をもつことになる．

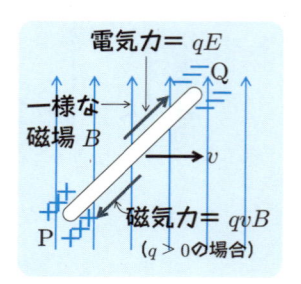

> **課題** この導体棒の長さを l としたとき，起電力の大きさを求めよ．
> **考え方** 起電力の大きさとは，それによって生じた電位差の大きさであり，電位差は電場から決まる．
> **解答** 棒内部の電場を E とすると棒内部では電気力と磁気力がつり合っており
> $$qE = qvB$$
> なので $E = vB$ であり，棒の長さを l とすれば
> $$\text{棒の両端の電位差} = \text{電場} \times \text{距離} = vBl \tag{1}$$

棒の両端に生じた電位差を利用するには，両端に何かをつながなければなら

4.8 磁気力を利用した発電

ない．それには，棒が（理想的にはまったく抵抗がない）導体でできた2本のレールの上に転がっていると考えるとよい．レール間には，問題で求めた電位差が生じるので，そこに回路（たとえば豆電球）をつなげば電流が流れる．回路に電流を流す力は，磁気力ではなく，棒の両端に生じた電位差による電気力であることに注意（もちろん電気力が発生した原因は磁気力である）．

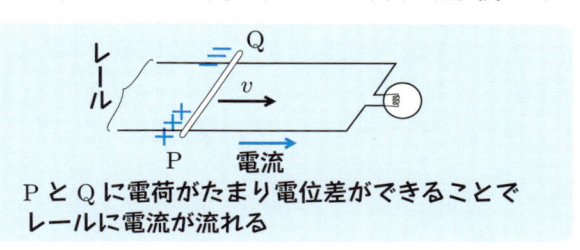

PとQに電荷がたまり電位差ができることで
レールに電流が流れる

回路をつなぐと両端にたまっていた電荷は流れてしまうが，棒が速度 v で転がり続ける限り，失われた電荷は磁気力によって補給される．たまっている電荷の総量は常に一定で，棒の両端の電位差は課題で求めた値に保たれる．

といってもこれは，「棒が速度 v で転がり続ける限り」という前提での話である．実際には，回路に電流が流れだすと電荷は（導体棒が転がる方向ばかりでなく）導体棒の方向（PQ方向）にも動く．これによる新たな磁気力は，棒の転がる方向と反対方向で，棒にブレーキをかけるように働く．したがって，「棒を等速度 v で転がし続ける」ためには，常に棒を手で，あるいは何かで押していなければならない．「この力」がする仕事により，回路には電流が流れ続け，電気エネルギーが発生し続けるのである．この発電装置のエネルギー源は「この力」であり，磁気力ではない．エネルギー保存則を考えれば，この力がする仕事は，回路で消費される電気エネルギーに等しいが，計算は章末問題 4.18 を参照．

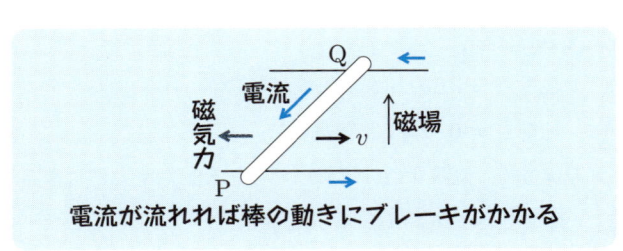

電流が流れれば棒の動きにブレーキがかかる

4.9 発電機とモーター

　前項で述べた原理で発電を続けるには，無限に長いレールが必要になってしまう．実用的な発電機にするために，棒を同じ場所で動かし続ける，つまり1か所で回転させることを考えよう．

　下の図の状況を説明する．上方向を向く一様な磁場 B があるとする．その中で，長方形の導線（方形コイル）を回転させる．コイルは a，b の場所で途切れ，導線は外に延びている（あとでここに回路をつなぐ）．

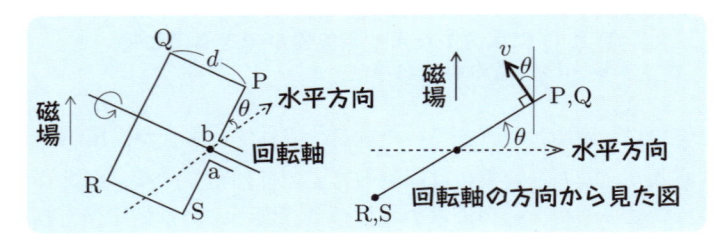

　このコイルを回転軸の方向から見た図が右の図である．コイルの両側の辺（PQ と RS）の速度を v（一定），各時刻でのコイル面の水平面に対する角度を θ とする．これらの辺の動く方向と磁場の方向との角度も θ になる．

課題　上記の状況で，コイルの各辺に生じる起電力を求めよ．どちら側が高電位になるかも示せ．コイル全体としての ab 間の起電力はどうなるか．ただし $PQ = RS = d$ とする．

考え方　正電荷だったら $\boldsymbol{v} \times \boldsymbol{B}$ の方向に動き，その方向に正電荷がたまるので，そちらが高電位になる．

解答　各辺の起電力は，前項の式 (1) に，動く方向と磁場が直角ではないことによる修正を加えればよい．

　　PQ 間：　起電力 $= vBd\sin\theta$　Q 側が高電位

　　QR 間：　起電力 $= 0$　つまり等電位

　　　　（磁気力は導線と直角なので導線内の電荷を動かす力にはならない）

　　RS 間：　起電力 $= vBd\sin\theta$　S 側が高電位

　　Sa 間, Pb 間：　起電力 $= 0$　つまり等電位

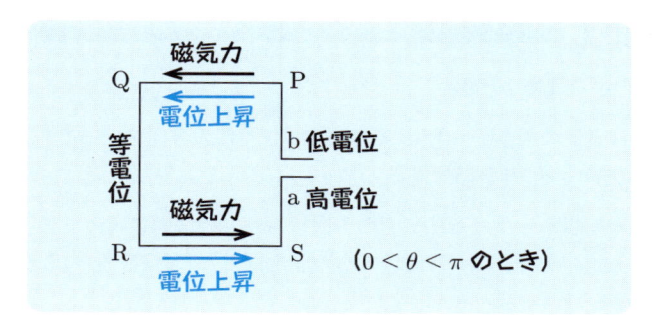

4.9 発電機とモーター

> 結局このコイルは，高電位である a を正極，b を負極とする，起電力 $2vBd\sin\theta$ の電源となる．

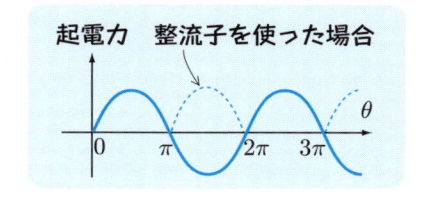

θ は常に変化するので起電力の大きさも変化する．実際，コイルが 1 周する間で，a 側が高電位になるのは $0<\theta<\pi$ の範囲だけだが，課題の最終結果は一般の θ に対しても成り立つ（ただしコイルと外部とを整流子というものを通して接続し，コイルが半回転するごとに起電力を逆転させて電流を取り出すこともできる）．

いずれにしろ ab 間に起電力が生じるので，ここに回路をつなげば電流を取りだすことができる．ただし前項の例と同様に，電流が流れると今度は，コイルの回転にブレーキをかける方向にも磁気力が発生するので，回転させ続けるためには，何らかの力が必要である．これを水力，火力（水を熱して発生させる水蒸気の力）あるいはその他の力で行うのが発電機である．

このような発電機は，コイルを何らかの力で回転させて電気エネルギーを発生させるものだが，逆に使うと，電気エネルギーによってコイルを回転させることができる．つまり ab 間に電池などの電源をつなぎコイルに電流を流す．すると発生する磁気力により，コイルが回転する．これがモーターに他ならない．詳しくは章末問題 4.19 を参照．

● 復習問題

以下の [ ] の中を埋めよ（解答は 90 ページ）．

□**4.1** 磁場は電流の周りを [①]．その方向は，電流の方向を向いて [②] 回りである．電流の方向と逆方向に見れば [③] 回りになる．

□**4.2** 電流が磁場から受ける磁気力の方向は右ねじの法則によって表される．それによれば，[④] から [⑤] に向けて右ねじを回したときに，右ねじが進む方向が磁気力の方向である．

□**4.3** 電流が磁場から受ける磁気力は，電流と磁場が [⑥] のときに最大であり，[⑦] になるとゼロになる．

□**4.4** 輪電流が作る磁場も，磁場は電流の周りを渦巻くという原理から求められる．それによれば，輪電流の向きが上から見て左回りのときは，上側が [⑧] 極に対応する．

□**4.5** 電流が磁場から受ける磁気力は，電流と磁場の角度を θ とすると [⑨] に比例する．

□**4.6** 平行電流間に働く磁気力は，距離に [⑩] し，各電流の大きさに [⑪] する．

□**4.7** 閉曲線に沿っての [⑫] の大きさの総量は，その閉曲線で囲まれる面をつらぬく [⑬] の合計に μ_0 を掛けたものに等しい．これをアンペールの法則という．ただしこの閉曲線に向きを決め，それとの関係で，[⑫] や [⑬] の正負を決めなければならない．

□**4.8** 無限に広がる平面電流が作る磁場は面に [⑭] で，電流には [⑮] である．その大きさは面からの距離に [⑯]．

□**4.9** 無限に延びるソレノイドでは，磁場は [⑰] にのみ生じ [⑱] である．

□**4.10** 磁場内で導体棒を動かすと，磁気力が働き，棒の両端には [⑲] が生じる．棒の内部では，この [⑲] による [⑳] と磁気力がつり合う．

□**4.11** 磁気力を利用すると発電をすることができるが，そのためには別に [㉑] が必要である．

応用問題

☐**4.12** (a) 4.3項で方位磁石を南向き（つまり正しい向きの逆）に置いた場合に何が起こるか，輪電流を使って説明せよ．
(b) 75ページ下の図で，輪電流が逆向きに流れていたらどうなるか．それは磁石のどのような性質に対応するかを説明せよ．

☐**4.13** SI単位系の磁場の単位はT（テスラ）であり，日本付近での地磁気は約 3×10^{-5} T である．無限に長い直線電流から10 cm離れた所に同じだけの磁場を作るには，どれだけの電流を流せばよいか．

☐**4.14** 無限に広がる平面全体に，一様に，密度1 A/mの電流が流れており，その10 cm上方に，面上の電流と平行に，1 Aの大きさの直線電流が流れているとする．この直線電流の1 m当たりに働く力を求めよ．

☐**4.15** 電荷分布が球対称のとき，それによる外部の電場は，全電荷が中心に集中している場合を同じであった．同様に，電流分布が軸対称（つまり，ある直線を軸として回転対称）であるとき，それによる外部の磁場は，全電流が中心の軸に集中している場合を同じであることを，アンペールの法則によって示せ．

☐**4.16** 半径 a の無限に長い円筒の表面に，一様に電流 I が流れている．円筒内外の磁場を求めよ．

☐**4.17** z 方向を向く一様な磁場がある空間の xy 面上で電荷が動いている．磁気力は常に運動方向と直角なので，この電荷は xy 面上を円運動することになる．電荷の電気量を q，速さを v，磁場の大きさを B としたとき，周期 T（1周するのにかかる時間）および半径 r を求めよ．
ヒント：円運動の向心力は $\frac{mv^2}{r}$ に等しいことを使う．

☐**4.18** 4.8項の，レールの上を転がる棒の装置で，レールに抵抗 R の回路をつなげた．棒を一定の速さ v で転がり続けさせるために必要な力の大きさを求めよ．また，それによる単位時間当たりの仕事が，消費される電力 I^2R に等しいことを示せ．

☐**4.19** 4.9項の装置をモーターとして使う場合を考える．abに電源をつなげて方形コイルに電流 I が流れており，コイルの角度が θ である状態での，PQとRSに働く力の方向と大きさを求めよ．それらの回転方向への成分を求めよ．また，他の辺（QRとSP）に働く力は回転とは関係がないことを示せ．

復習問題の解答

① 渦巻く，② 右，③ 左，④ 電流，⑤ 磁場，⑥ 垂直，⑦ 平行，⑧ N，⑨ $\sin\theta$，⑩ 反比例，⑪ 比例，⑫ 磁場，⑬ 電流，⑭ 平行，⑮ 垂直，⑯ よらない，⑰ 内部，⑱ 一様，⑲ 電荷，⑳ 電気力，㉑ エネルギー源

第5章

電磁誘導と交流回路

電場は電荷から湧き出すが，渦巻く電場もある．電流の変化によって磁場が変化し，それによって渦巻く電場が生じる現象であり，電磁誘導と呼ばれる．その電場は，元となった電流の変化をさまたげる方向に働く．コイルはこの性質を利用した装置であり，交流回路で重要な働きを示す．交流でコンデンサーやコイルを抵抗と同じように扱う複素インピーダンスという方法も説明する．

- 電磁誘導
- 磁気力による起電力との違い
- 自己誘導
- コイルと直流電源の回路
- 交流
- コイルとコンデンサーの回路（LC 回路）
- 交流電源と抵抗・コイル・コンデンサー
- 複素電圧・複素電流
- 複素インピーダンス
- 共振回路

5.1 電磁誘導

　前章では，電流によって生じる磁気現象を説明した．このような現象があるのならば，逆に磁石によって電気現象が発生するのではないかと考えた人がいた．ファラデーである．そして彼は，**電磁誘導**という現象を発見した．

　たとえばコイルに，棒磁石を近づけたり遠ざけたりすると，コイルの両端に電位差が生じる（電圧計をつなぐことによってわかる）．棒磁石を動かしたときにのみ電位差が発生し，また近づけるときと遠ざけるときで，電位差の正負が逆になる．

　電位差を発生させる作用のことを一般に，起電力というと説明した（1.3項）．電磁誘導での起電力の原因については次項で考えることにして，この項ではまず，起電力の大きさを決める法則（**電磁誘導の法則**）を説明しよう．

　この法則は**磁束**という量を使って表される．まず磁束について説明する．磁束は通常，Φ（ギリシャ文字ファイの大文字）と書き，次のように定義される．

> **磁束の定義：**
> 　閉じた曲線 C をつらぬく磁束 Φ
> 　　＝ C で囲まれた面をつらぬく磁場 B の総量

第2章で説明したガウスの法則では，ある領域を囲む面全体から出ていく電場を考えた．その場合の面は，領域全体を囲む面，つまり境界のない閉じた曲面（閉曲面）であった．上の磁束の定義では面は閉じていない．C が境界である．しかし「面をつらぬく磁場」ということの意味は電場の場合と同じである．面に対して磁場が斜め方向を向いている場合，「面をつらぬく磁場」とは，面に垂直な成分を意味する．

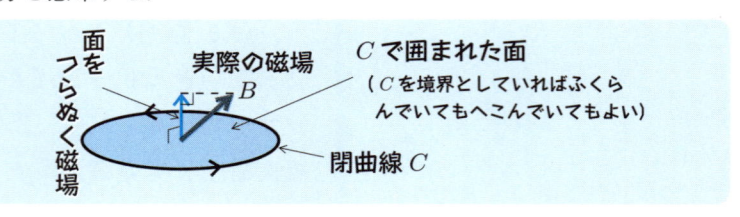

　次に，磁束を使って電磁誘導の法則を書き表そう．この法則は，次の図のよ

5.1 電磁誘導

うな 1 か所（図の ab 間）だけ途切れた 1 巻きのコイルを考えるとわかりやすい（4.9 項の磁気力による起電力の話に似る）．コイルに棒磁石を近づけたり遠ざけたりするということは，このコイルをつらぬく磁束 Φ を変化させるということである．するとこのコイルに電流が流れ（その理由は次項で考える），a と b 付近に正負の電荷がたまって電位差が生じる．つまり ab 間に起電力が生じていることがわかる．この起電力 $\mathscr{E}$（**誘導起電力**という）と，磁束の変化率 $\frac{d\Phi}{dt}$ との間の関係を表すのが電磁誘導の法則である．

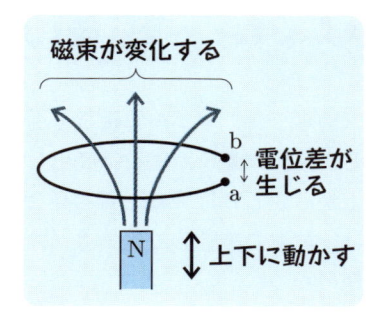

> 電磁誘導の法則：
>
> 磁束の変化率 ＝ －誘導起電力 (1)
>
> $\left(\frac{d\Phi}{dt} = -\mathscr{E}\right)$

正負の決め方は次の通り．まず曲線（コイル）C の向きを決める．そしてこの向きが左回りに見える側を面の表側とする（アンペールの法則での表裏と同じ）．そして，磁場が裏から表につらぬいているときに磁束はプラスであるとする．

また起電力の符号は，起電力の作用によって C の向きに電流が流れる（その結果，右図の場合は a 側に正電荷，b 側には負電荷がたまる）とき，プラスであるとする．そのときの ab 間の電位差が起電力の大きさである．

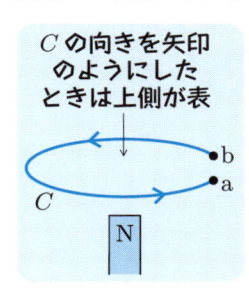

> **課題** 上図で磁石の N 極を下から近づけたとき，ab のどちらが高電位になるか．
> **解答** 上図のように C の向きを決めた場合には上側が表．磁石の N 極を下から近づけると，C を裏から表へつらぬく磁場（プラスの磁場）が増える．したがって式 (1) の左辺はプラスである．したがって右辺の起電力はマイナスになり，電流が C と逆方向に流れ，b 側に正電荷がたまって高電位になる．

5.2 磁気力による起電力との違い

　前項では，コイルに磁石を近づけるという話をした．では逆に，磁石は静止しており，コイルを上から磁石に近づけたらどうなるだろうか．これは，前章で議論した磁気力（ローレンツ力）の問題になる．

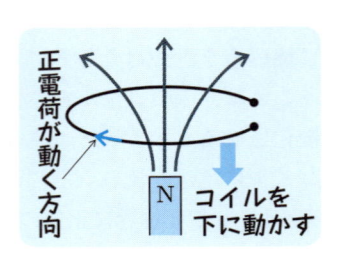

　コイルを下に動かすと，その中の電荷も下に動く．正電荷だったら右図に示した方向に磁気力が働くから，その方向を向く起電力が発生したことになる．ではその大きさはどのように表されるだろうか．コイルをつらぬく磁束とはどのような関係があるだろうか．

　上の図の例でも起電力の計算はできるが，ここではすでに4.9項で起電力を計算した発電機の例で考えてみよう．

課題　4.9項の課題について次の値を求めよ．ただし Sa = Pb = d'（SP = QR = $2d'$）とし，コイルは角速度 ω で回転しているとする（つまり $\theta = \omega t$）．(a) コイルをつらぬく磁束 Φ．(b) Φ の変化率．(c) 速度 v を ω で表して起電力（4.9項の課題の答え）を (b) と比較する．

解答　(a)　磁場のコイルをつらぬく成分は $B\cos\theta$ だから，磁束はそれに，コイルの面積を掛けて，$\Phi = 2dd'B\cos\theta = 2dd'B\cos\omega t$．

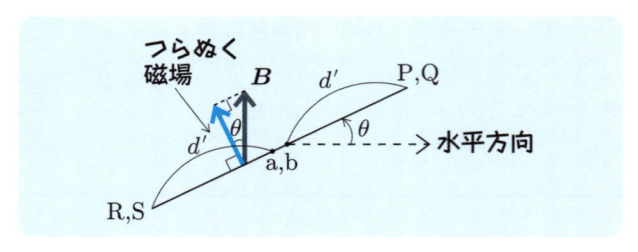

(b)　微分の公式 $\frac{d\cos\omega t}{dt} = -\omega\sin\omega t$ より，$\frac{d\Phi}{dt} = -2dd'B\omega\sin\omega t$．

(c)　単位時間当たりに角度 ω だけ回転するのだから，速さ v，すなわち単位時間に進む距離は $\omega d'$．したがって起電力は $2(\omega d')Bd\sin\omega t$ になる．これは (b) の結果の逆符号である．

5.2 磁気力による起電力との違い

結局，前項の式 (1) の関係がここでも成立することがわかった．通常，こちらの現象も電磁誘導と呼ばれるが，同じなのは式の見かけであって，両者の起電力発生の原理は違う．どのように違うのかを考えてみよう．

導体（回路）を動かしたときの電磁誘導：（左ページの例）
Φ の変化は，回路が動くことによる変化である．磁場のある場所で導体が動くので，$q\boldsymbol{v} \times \boldsymbol{B}$ という磁気力が働いて電荷が移動し，正負の電荷分布が生じて電位差が発生する．つまり磁気力が起電力の原因である．

磁場の源（磁石など）を動かしたときの電磁誘導：（前項の例）
前項式 (1) で，Φ の変化は磁場が変わることによる変化である．コイルのほうは静止しているので，その中の電荷は最初（磁場が変わり始めたとき）は動いていない（$\boldsymbol{v}=0$）．したがって起電力の原因は磁気力ではありえない．$\boldsymbol{v}=0$ でも電荷がコイルに沿って移動し始める（電流が流れだす）のだとすれば，電気力が働いたと考えざるをえない．つまり電場が発生していることになる．だとすれば起電力の原因は，この電場である．

このようにして生じた電場は渦巻いている．電場，磁場という言葉を使って前項の現象を説明すれば，前項式 (1) は，磁場が変化するとき，磁場の変化の方向を軸として渦巻く電場が発生し起電力になるという関係を表している．

このように，磁場が変化しているときに生じる電場を**誘導電場**という．それと区別する意味で，クーロンの法則で表される電場（つまり電荷から湧き出す電場）を**クーロン電場**という．といっても電場に変わりがあるわけではなく，その発生源の違いを表す言葉である．

現象が非常に似ているにもかかわらず，一方の原因が電気力，他方の原因が磁気力であるというのは不思議である．これはそもそも，電気力と磁気力が無関係ではないことを示唆しているが，このことについての正しい理解は，相対性理論を考えなければ得られない（第 6 巻参照）．

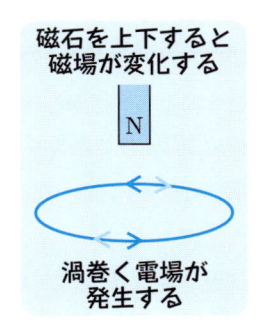

5.3 自己誘導

磁場が変化すると回路に誘導電場が発生するというのが電磁誘導であった．この磁場は外部にある磁石，あるいは別の回路によって生じた磁場であってもよいが，その回路自身の中を流れる電流によって生じた磁場であってもよい．このような場合に起きる電磁誘導を**自己誘導**と呼ぶ．

典型的な例として，ソレノイドの磁束を考えてみよう．ソレノイドをつらぬく磁束とは，それぞれの輪をつらぬく磁束の合計である．

> **課題 1** 全長 l, 断面積 S, 単位長さ当たりの巻き数 n に電流 I が流れているときの，ソレノイドをつらぬく磁束を求めよ．ただし断面積に比べて全長が十分に長く，内部の磁場は端まで一様であると近似できるものとする（側面から外に出る磁力線は無視するという近似）．
> **考え方** 4.6 項課題 2 より，内部の磁場の大きさは $B = \mu_0 n I$ である．ソレノイドをつらぬく磁束とは，1 巻きごとの磁束に全巻き数を掛けたものである．
> **解答** 1 巻き当たりの磁束は BS. それに全巻き数 nl を掛けて
> $$\text{全磁束} = \mu_0 n^2 S l I \tag{1}$$

上の計算は近似だが，いずれにしろ磁場の大きさは電流に比例するので，全磁束 Φ と電流 I との間にも比例関係がある．ソレノイドに限らず一般のコイル（回路）に対して，

$$\Phi = LI \tag{2}$$

と書き，定数 L をこの回路の**自己インダクタンス**あるいは単に**インダクタンス**と呼ぶ．上のソレノイドだったら，式 (1) より，$L = \mu_0 n^2 S l$ である．（インダクタンスとは誘導という意味の induction から派生した単語）．巻き数の大きいソレノイドは L も大きくなるが，一般にどんな回路であっても，電流が流れると磁場ができるのだから，自己インダクタンスはある．

自己誘導による誘導起電力の大きさは，式 (2) より

5.3 自己誘導

$$\frac{d\Phi}{dt} = L\frac{dI}{dt}$$

だが，向きはどうなるだろうか．この起電力は**逆起電力**とも呼ばれ，コイルに流れる電流の変化をさまたげようとする方向に働く．コイルがどちら向きに巻いてあるかには関係ない．

このことは天下り的に認めていただければ，次項からの議論に差し支えないが，ここでは簡単な例で確かめてみよう．

> **課題 2**　1 巻きのコイルに，左図のようにスイッチと電池をつなぐ．スイッチを入れると，図の矢印の方向に電流 I が流れだす．電流は 0 からプラスに増加する．そのとき，自己誘導による起電力はどちら向きになるか（回路には抵抗はどこにもないものとする）． 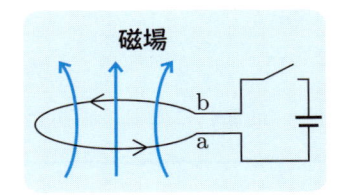
>
> **解答**　図の向きの電流が増えると，コイルを下から上につらぬく磁場が増える．そのときの誘導起電力の方向は，5.1 項の課題より，a から（コイルを通って）b に電流を流そうとする方向であり，電池の働きで電流が増える方向とは逆である（実際には，電池の働きにより電流は b から a に向けて流れるが，誘導起電力はその増え方にブレーキをかける働きをする）．

実際，そうなっていないとおかしなことになる．電池とコイルをつないだ回路を下の図のように描こう．電池の働きで，B より A が高電位になっている．つないだ導線に抵抗がなければ，A と C（そして B と D）は等電位だから，コイルでは C 側が高電位になっていなければならない．これは誘導起電力の方向が D から C，つまり電流の方向とは逆だということである（起電力の方向とは電位上昇の方向）．結局，誘導起電力は逆起電力になり，電流が流れる向きに考えると，$L\frac{dI}{dt}$ だけ「電位降下」が起きることになる．

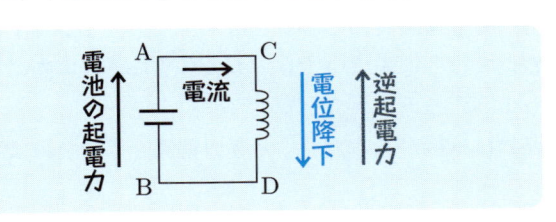

5.4 コイルと直流電源の回路

まず，前項で考えた，電池とコイルをつないだ回路の問題を解いてみよう．電池の起電力を $\mathscr{E}$，コイルの（自己）インダクタンスを L とする．

電位差は1周するとゼロになるという式を書こう．BACDB というように1周すると，電池のところで電位が上昇し，コイルで $L\frac{dI}{dt}$ の電位降下が起こるので（前項）

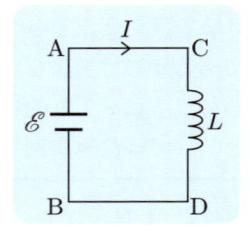

$$\mathscr{E} + (-L\tfrac{dI}{dt}) = 0 \tag{1}$$

となる．回路にはどこにも抵抗がないとしている．

> **課題1** 式 (1) の答えを，$t=0$ で $I=0$ という条件のもとで求めよ（$t=0$ のときスイッチを入れて電流が流れ始めたという状況である）．
> **解答** 式 (1) を整理すれば
> $$\tfrac{dI}{dt} = \tfrac{\mathscr{E}}{L}$$
> t で微分をすると定数 $\tfrac{\mathscr{E}}{L}$ になる関数は一次式であり，一般に
> $$I(t) = \tfrac{\mathscr{E}}{L}t + （何らかの定数）$$
> となるが，$t=0$ で $I=0$ になるという条件から右辺の定数は 0 であり
> $$I(t) = \tfrac{\mathscr{E}}{L}t$$

もし逆起電力がなければ（$L=0$），抵抗がないのでスイッチを入れた瞬間に無限大の電流が流れることになる．しかし逆起電力のために電流の増加にブレーキがかかり，一瞬で無限大になることはできない．しかし上の答えからわかるように時間がたてば，電流はいくらでも大きくなる（実際には，ある時点で電池が壊れてしまうだろう）．

現実の回路には抵抗がある．そのときの電流を求めてみよう．

5.4 コイルと直流電源の回路

課題2 下の回路に流れる電流を，$t=0$ で $I=0$ という条件のもとで求めよ．

解答 電位の式は

$$\mathscr{E} + (-RI) + \left(-L\frac{dI}{dt}\right) = 0$$

整理すると

$$\frac{dI}{dt} = \frac{\mathscr{E}}{L} - \frac{R}{L}I \qquad (2)$$

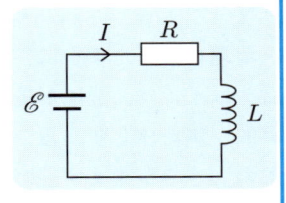

物理的に考えながら解を求めていこう．電流が最終的にある一定の値になったとすれば，$\frac{dI}{dt}=0$ だから逆起電力はなくなり，$I=\frac{\mathscr{E}}{R}$ となる．しかし逆起電力があるので，いきなりゼロからこの値になることはなく，時間が経過すると次第にこの値に近付くだろう（一種の過渡現象である）．そこで

$$I(t) = \frac{\mathscr{E}}{R} + I'(t)$$

と書いて，$I'(t)$ がどのようにゼロに近づくかを調べる．この式を式(2)に代入すれば，($\frac{\mathscr{E}}{R}$ は定数だから）$\frac{dI}{dt} = \frac{dI'}{dt}$ であることを使うと

$$\frac{dI'}{dt} = -\frac{R}{L}I'$$

となる．この式は，3.8項の式(3)と，係数は違うが同じ形である．3.8項で説明したように，この式の解は，$\tau = \frac{L}{R}$，そして A を任意定数として

$$I'(t) = Ae^{-t/\tau}$$

である．したがって電流全体は

$$I(t) = \frac{\mathscr{E}}{R} + Ae^{-t/\tau}$$

ここで問題の条件 $I(0)=0$ という関係を使えば（$e^0=1$ なので）

$$0 = \frac{\mathscr{E}}{R} + A$$

これより A が決まって

$$I(t) = \frac{\mathscr{E}}{R}(1 - e^{-t/\tau})$$

となる．第2項は t が大きくなれば急速に小さくなり，I は $\frac{\mathscr{E}}{R}$ という極限値に近づく．

5.5 交流

 前項で示したように，電源の起電力が一定の場合，つまり直流電源の場合には，コイルは，電流が最終的な値に落ち着く時間を遅らせる働きをするが，最終的な値自体を変えることはない．コイルがもっと重要な働きをするのは，電源の大きさが絶えず変わる**交流**の場合である．ここではまず，交流の説明をしておこう．ただしここで交流とは，三角関数 sin あるいは cos で表される**正弦波交流**というものを意味するものとする．

 まず交流の一般的な形を説明しよう．電流あるいは電圧の各時刻 t での値（$F(t)$ と書く）は次のように書ける．

$$F(t) = A\sin(\omega t + \theta_0) \tag{1}$$

A, ω, θ_0 は，何らかの定数である．$F(t)$ は，下の図のように，半径 A の円周上の角度 $\omega t + \theta_0$ の方向の位置 P の高さに等しい．

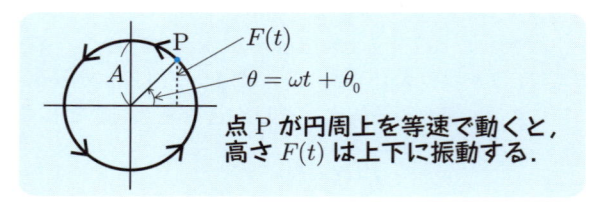

点 P が円周上を等速で動くと，高さ $F(t)$ は上下に振動する．

 式 (1) に出てくる量の意味を考えてみよう．まず，A は振動の最大値を表し，振動の**振幅**という．次に，角度 $\omega t + \theta_0$ 全体を**位相**と呼び，各時刻で振動がどの位置にあるかを示す．t が増えると位相が増えて P が円周上を回転し，$F(t)$ が上下に振動する．P が 1 回転するのが F の 1 回の上下動，つまり 1 回の振動に対応する．ω は位相がどれだけの速さで変化するかを表す．角度の変化の速さを表すので，ω を**角速度**あるいは**角振動数**と呼ぶ．

 位相は角度を表しているので，度あるいはラジアンで表す．度とは，1 周を 360° とする角度の単位，ラジアンとは，1 周を 2π とする単位である．90 度は $\frac{\pi}{2}$ ラジアンに等しい．以下では，断りがなければ位相をラジアンで表すことにする．

 振動 1 回にかかる時間を**周期**と呼び，通常，T と書く．T とは位相が 2π（ラ

ジアン) だけ増える時間なので

$$\omega T = 2\pi$$

これより

> **周期**: $T = \frac{2\pi}{\omega}$

となる．周期は振幅 A とは関係がなく，ω だけで決まる．

また，単位時間（たとえば 1 秒間）に起こる振動の回数を**振動数**あるいは**周波数**と呼び，通常，f（あるいは ν（ギリシャ文字のニュー））で表す．1 回の振動に T だけかかるのだから，単位時間に起こる振動の回数は $1 \div T$ であり

> **振動数（周波数）**: $f = \frac{1}{T} = \frac{\omega}{2\pi}$

最後に，θ_0 は，$t = 0$ を振動の開始時刻だとみなしたときに，振動がどこから始まるかを表す．その意味で，θ_0 を**初期位相**と呼ぶ．

具体的に振動の様子を，横軸を時刻 t にしてグラフに描いてみよう．$\theta_0 = 0$ の場合と，$\theta_0 = \frac{\pi}{2}$ の場合の 2 つを描いている．

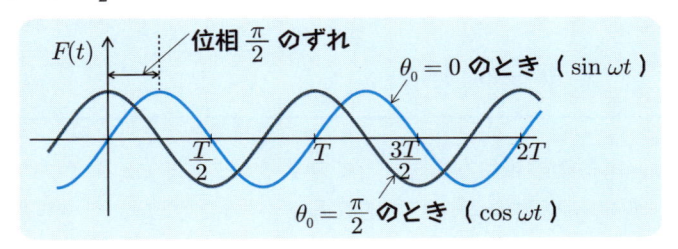

$\theta_0 = \frac{\pi}{2}$ の場合は，$\sin(x + \frac{\pi}{2}) = \cos x$ という三角関数の公式を使えば，$\cos$ で書ける．

$$\sin(\omega t + \tfrac{\pi}{2}) = \cos \omega t$$

このことからわかるように，$\cos \omega t$ は $\sin \omega t$ よりも，位相が $\frac{\pi}{2}$ ($= 90°$) 進んだ波であるという．$\sin \omega t$ のグラフを，時間が早い方向（左方向）に位相を $\frac{\pi}{2}$ だけずらすと $\cos \omega t$ のグラフになるということである．逆に，$\sin \omega t$ の位相を $\frac{\pi}{2}$ だけ遅らせると（グラフを右に $\frac{\pi}{2}$ だけ動かす），

$$\sin(\omega t - \tfrac{\pi}{2}) = -\cos \omega t$$

となる．

5.6 コイルとコンデンサーの回路（LC 回路）

　この項では，交流電源はないが，結果として交流の電流が流れる回路を考える．**LC 回路**と呼ばれ，インダクタンス L のコイルと，電気容量 C のコンデンサーをつないだものである（電源や抵抗を加えた RLC 回路は 5.10 項で扱う）．

> **課題**　右下図の LC 回路での電位の式を，Q を使って書け．
> **解答**　図の電流の向きで回路を 1 周すると，コイルで $L\frac{dI}{dt}$ の電位降下，コンデンサーで $\frac{Q}{C}$ の電位降下があるので，そのまま書けば
> $$-L\frac{dI}{dt} - \frac{Q}{C} = 0 \qquad (1)$$
> となる．電位降下ばかりで変だと感じるかもしれないが，実際には一方の電位降下がマイナスになり電位上昇となる（たとえば I が減少して $\frac{dI}{dt} < 0$，あるいは $Q < 0$）．ここで図中の式を使うと $\frac{dI}{dt} = \frac{d^2Q}{dt^2}$（右辺は Q を 2 回，微分したもの）．これを式 (1) に代入して整理すると
> $$L\frac{d^2Q}{dt^2} = -\frac{1}{C}Q \qquad (2)$$
>
> 電流が流れ込むと Q が増えるので
> $I = \frac{dQ}{dt}$

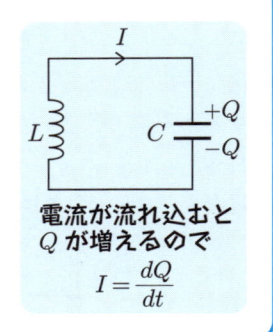

　式 (2) は，単振動の運動方程式として力学でよく出てくるタイプの式である．たとえば，質量 m の物体が，バネ定数 k のバネにつながれている場合，運動方程式「質量 × 加速度 = バネの力」は，x を物体の位置座標として

$$m\frac{d^2x}{dt^2} = -kx$$

ただしバネが伸びていないときの物体の位置を $x = 0$ としている．

　この物体は $x = 0$ を中心として振動し，$\omega_0^2 = \frac{k}{m}$ として

$$x \propto \cos\omega_0 t$$

と書ける．もちろん sin でもよい．これと同様に，式 (2) を満たす Q は

$$Q(t) = Q_0 \cos\omega_0 t$$

と書ける．ただしここでは $\omega_0^2 = \frac{1}{LC}$ である．x が Q，m が L，k が $\frac{1}{C}$ に対応

5.6 コイルとコンデンサーの回路（LC 回路）

していると考えればよい．Q_0 は振動の振幅であり，何でもよい．

この式で表される電荷 Q の変化を，バネの振動と比較しながら考えてみよう．もし回路にコイルがなかったら，コンデンサーにたまっている $+Q$ の電荷はマイナス側に移動して，そこですべて終わりになるはずである．バネの場合も，もし物体に質量がなかったら，伸びたバネは本来の長さに戻って（$x = 0$ の位置），そこで終わりだろう．しかし物体に質量があるため，勢いのついた物体は止まらず，バネは縮み続ける．そしてある程度縮んだ所で反転するが，今度は逆方向に勢いがついて，$x = 0$ の位置を通り過ぎて伸び続ける．

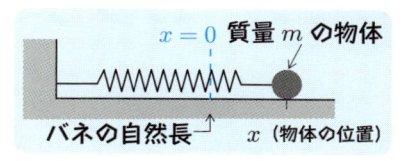

これは物体の慣性という性質だが，回路で慣性の働きをしているのがコイルの自己誘導である．自己誘導は電流の変化，つまり磁束の変化に反応して，電流の変化をさまたげる方向の起電力（逆起電力）を発生させる．そのため，電流が流れてコンデンサーの電荷がなくなっても，そこで電流はすぐに止まらず流れ続け，コンデンサーの反対側に $+Q$ の電荷がたまる．そしてある程度たまると電流が反転して，逆のプロセスが起こる．これが LC 回路での電荷 Q，そして電流 I の振動である．

力学との類推はエネルギーを考えるときも役立つ．バネの振動の場合，

$$\text{全力学的エネルギー} = \text{運動エネルギー} + \text{バネの位置エネルギー}$$
$$= \tfrac{1}{2}mv^2 + \tfrac{1}{2}kx^2$$

であった．ただし v は速度で，$v = \frac{dx}{dt}$ である．これを，上記の対応関係で回路のエネルギーに焼き直すと（x が Q に対応しており $\frac{dQ}{dt} = I$ だから）

$$\text{回路の全エネルギー} = \tfrac{1}{2}LI^2 + \tfrac{1}{2C}Q^2$$

第 2 項は，コンデンサーの電気エネルギーとしてすでに学んだものである（2.10 項）．第 1 項は初めての式だが，L に比例しているということから，コイルがもっているエネルギーとみなすことができる．コイルに電流が流れていることによるエネルギーだが，$\Phi = LI$ という磁束が生じていることによるエネルギーでもあるので，コイルの**磁気エネルギー**と呼ばれる．

5.7 交流電源と抵抗・コイル・コンデンサー

次に,交流電源に,抵抗(R),コイル(L),コンデンサー(C)のいずれか(一般に**回路素子**という)を1つだけつなげた単純な回路を考えよう.

後のために,電源の起電力 $\mathcal{E}$ が sin の場合と cos の場合を考える.

$$\text{ケース I : } \mathcal{E}(t) = \mathcal{E}_0 \cos \omega t$$

$$\text{ケース II : } \mathcal{E}(t) = \mathcal{E}_0 \sin \omega t$$

$\mathcal{E}_0$ は起電力の振幅を表す定数である.電位の式を書き下すことから始めよう.

課題1 下の3つの場合について電位の式を書け.

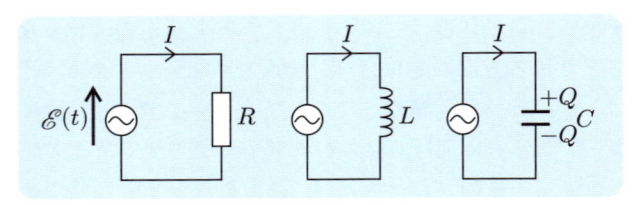

考え方 電源の所での電位変化(上昇)と,回路素子の所での電位変化(降下)の合計がゼロになるという式を書く.電荷の正負(どちら側を $+Q$ とするか)や電流の正負(どちら向きを $+I$ とするか)を逆にすると式の符号も変わるが,ここでは上の図のように決めた場合を考える.

解答 $\mathcal{E}(t)$, $I(t)$ 等と単に,$\mathcal{E}$, I と書く.

抵抗　　　　：$\mathcal{E} + (-RI) = 0$

コイル　　　：$\mathcal{E} + (-L\frac{dI}{dt}) = 0$

コンデンサー：$\mathcal{E} + (-\frac{Q}{C}) = 0$

(電流の向きを図のように定義した場合は,$\frac{dQ}{dt} = +I$,つまり電流が流れ込むと Q が増える).

次に,起電力から電流を求める.

5.7 交流電源と抵抗・コイル・コンデンサー

課題2 課題1それぞれの場合で，冒頭の2つのケースの起電力に対して流れる電流 I を求めよ．

考え方 2つの基本的な微分公式を使う．

$$\frac{d\cos\omega t}{dt} = -\omega\sin\omega t, \qquad \frac{d\sin\omega t}{dt} = \omega\cos\omega t$$

解答 (a) 抵抗：$(I = \frac{\mathscr{E}}{R})$

ケースI： $I = \frac{\mathscr{E}_0}{R}\cos\omega t$, ケースII： $I = \frac{\mathscr{E}_0}{R}\sin\omega t$

(b) コイル：$(\frac{dI}{dt} = \frac{\mathscr{E}}{L})$ $\frac{dI}{dt}$ が正しい結果になるように I を決めると

ケースI： $\frac{dI}{dt} = \frac{\mathscr{E}_0}{L}\cos\omega t$ だから，$I = \frac{\mathscr{E}_0}{\omega L}\sin\omega t$

ケースII： $\frac{dI}{dt} = \frac{\mathscr{E}_0}{L}\sin\omega t$ だから，$I = -\frac{\mathscr{E}_0}{\omega L}\cos\omega t$

(c) コンデンサー：$Q = C\mathscr{E}$, $I = \frac{dQ}{dt}$ より

ケースI： $Q = C\mathscr{E}_0\cos\omega t$ だから，$I = -\omega C\mathscr{E}_0\sin\omega t$

ケースII： $Q = C\mathscr{E}_0\sin\omega t$ だから，$I = \omega C\mathscr{E}_0\cos\omega t$

まず，抵抗の場合は，電圧（起電力）と電流は単純な比例関係である．次に，コイルでは，振幅は比例関係にあるが，sin と cos が入れ替わっている．前項で説明したように，これは振動に（つまり位相に）ずれがあることを意味する．$\cos\omega t$ は $\sin\omega t$ よりも $\frac{\pi}{2}$ だけ位相が進んでおり（つまり $\sin\omega t$ は $\cos\omega t$ より遅れており），$-\cos\omega t$ は $\sin\omega t$ よりも $\frac{\pi}{2}$ だけ遅れていることを考えると

コイル： 電圧 $\cos\omega t$ ⇒ 電流 $\sin\omega t$ ⋯（電流が）遅れている

電圧 $\sin\omega t$ ⇒ 電流 $-\cos\omega t$ ⋯ 遅れている

コンデンサー： 電圧 $\cos\omega t$ ⇒ 電流 $-\sin\omega t$ ⋯ 進んでいる

電圧 $\sin\omega t$ ⇒ 電流 $\cos\omega t$ ⋯ 進んでいる

いずれの場合でも，電流の振動は電圧の振動と比べて，コイルでは遅れ，コンデンサーでは進んでいることがわかる．

5.8 複素電圧・複素電流

　抵抗に比べて，コイルやコンデンサーの働きは複雑である．これらが回路の中にたくさん出てきたら，手に負えなくなるのではと思うかもしれない．しかし交流の場合，これらをほとんど抵抗と同じように扱う方法がある．

　それは，複素数を扱う方法である．簡単に復習しておこう．複素数とは実数と虚数を組み合わせた数である．虚数とは2乗するとマイナスの実数になる数だが，特にその中で，2乗すると -1 になる数を i と書き（$i^2 = -1$），虚数単位と呼ぶ．数学では虚数単位は通常 i と記すが，電気関係では電流と混同しないように j と書く場合も多い．しかしこの本では小文字の i は電流には使わないので，i と書いても混同することはないだろう．

　一般の虚数は，i の何倍かという形で書ける．そしてそれと実数を組み合わせた数が複素数だから，一般の複素数 z は，実数 x と y を使って

$$\underset{(\text{複素数})}{z} = \underset{(\text{実数部分})}{x} + \underset{(\text{虚数部分})}{iy}$$

これに実数 a を掛けると

$$a \times z = a(x + iy) = ax + iay$$

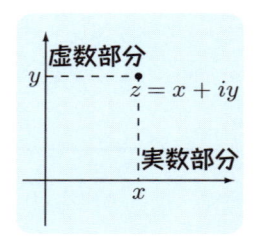

実数部分は実数部分，虚数部分は虚数部分になる．興味深いのは z に虚数を掛けた場合で，虚数 ia を掛けると

$$ia \times z = ia(x + iy) = iax + i^2 ay = -ay + iax$$

（$i^2 = -1$ を使った）．実数部分と虚数部分が入れ替わっている．この性質が，以下の話ではポイントになる．

　電圧や電流など現実の物理量は実数だが，ここでは仮に複素数だと考えて計算する．つまり**複素電流**，**複素電圧**というものを考える．すると，前項で調べた3つの単純な回路はすべて同じ形の式で書けるということを説明しよう．

　複素電圧とは，$\cos\omega t$ と $\sin\omega t$ という2つの交流電源を同時に扱おうという発想である．ここでは起電力が各素子にかかる電圧に等しいので，複素電圧を $\tilde{\mathcal{E}}$ と書いて

5.8 複素電圧・複素電流

$$\tilde{\mathscr{E}} = \mathscr{E}_0(\cos\omega t + i\sin\omega t)$$

とする．$\mathscr{E}_0$ は共通の振幅で，これ自体も複素数で構わないが，電圧を与えて電流を求めようとするときは，$\mathscr{E}_0$ は実数としておくのが簡単である．

次に，この複素電圧に対応する，各回路での複素電流 $\tilde{I}$ を構成する．電圧 $\mathscr{E}_0\cos\omega t$ に対応する電流を複素電流の実数部分，電圧 $\mathscr{E}_0\sin\omega t$ に対応する電流を複素電流の虚数部分とする．このような複素電流を考えたとき，それと複素電圧はどのような関係にあるだろうか．前項課題 2 の (a)～(c) より

(a) **抵抗の場合**

$$\tilde{I} = \left(\frac{\mathscr{E}_0}{R}\cos\omega t\right) + i\left(\frac{\mathscr{E}_0}{R}\sin\omega t\right)$$

$$\Rightarrow \quad \boxed{\tilde{\mathscr{E}} = R\tilde{I}}$$

(b) **コイルの場合**，$\frac{1}{i} = -i$ だから

$$\tilde{I} = \left(\frac{\mathscr{E}_0}{\omega L}\sin\omega t\right) + i\left(-\frac{\mathscr{E}_0}{\omega L}\cos\omega t\right)$$
$$= \frac{1}{i\omega L}(\mathscr{E}_0\cos\omega t + i\mathscr{E}_0\sin\omega t) = \frac{1}{i\omega L}\tilde{\mathscr{E}}$$

$$\Rightarrow \quad \boxed{\tilde{\mathscr{E}} = (i\omega L)\tilde{I}}$$

(c) **コンデンサーの場合**

$$\tilde{I} = (-\omega C\mathscr{E}_0\sin\omega t) + i(\omega C\mathscr{E}_0\cos\omega t)$$
$$= i\omega C(\mathscr{E}_0\cos\omega t + i\mathscr{E}_0\sin\omega t) = i\omega C\tilde{\mathscr{E}}$$

$$\Rightarrow \quad \boxed{\tilde{\mathscr{E}} = \left(\frac{1}{i\omega C}\right)\tilde{I}}$$

上の 3 つの関係はどれも，電圧と電流の比例関係になっている．抵抗の場合は元々，電圧と電流は比例しているので，複素数にしても同じである．一方，コイルやコンデンサーでは，電圧と電流で，振幅は比例しているが $\cos\omega t$ と $\sin\omega t$ が入れ替わる．そこで，虚数（$i\omega L$ や $\frac{1}{i\omega C}$）を掛けて実数部分と虚数部分を入れ替えるということで，$\cos\omega t$ と $\sin\omega t$ の入れ替えを実現しているのである．

5.9 複素インピーダンス

前項で得た3つの関係はすべて,

$$\tilde{\mathscr{E}} = Z\tilde{I} \tag{1}$$

という, $\mathscr{E} = RI$ と同じ形をしている. Z は素子ごとに違った値をもつが総称して**複素インピーダンス**あるいは単に**インピーダンス**と呼ばれ, 具体的には

抵抗: $Z = R$, コイル: $Z = i\omega L$, コンデンサー: $Z = \frac{1}{i\omega C}$

である. 結局, 一定の ω をもつ交流の場合, 複素数で考えればコイルやコンデンサーに対してもオームの法則（と同じ形の法則）が成り立ち, インピーダンスが抵抗の役割をもつことになる.

Z を抵抗と同じように扱えるのは式 (1) に限った話ではない. 第3章で扱ったように, 直流の複雑な回路では抵抗の合成をしなければならなかった. コイルやコンデンサーが多数含まれている複雑な交流の回路でも合成が必要だが, インピーダンスを使えば, 抵抗の場合とまったく同じようにできる.

> **課題 1** コンデンサーの直列接続, 並列接続の公式は 3.7 項で説明した. この公式をインピーダンスで書くとどうなるか.
> **解答** まず直列接続の場合, C_1 と C_2 の合成は $\frac{1}{C_1} + \frac{1}{C_2} = \frac{1}{C}$ であったが, 全体を $i\omega$ で割った上で Z で書き直せば $Z_1 + Z_2 = Z$ となる. 同様に, 並列接続の場合 $C_1 + C_2 = C$ であったが, 全体に $i\omega$ を掛けた上で Z で書き直せば $\frac{1}{Z_1} + \frac{1}{Z_2} = \frac{1}{Z}$ となる. いずれも抵抗の合成則と同じである.

コイルのインダクタンス L の合成は章末問題で扱うが, 結果は抵抗 R の合成則と同じである. したがってそれを Z で書き直しても変わらない.

インピーダンスが重要なのは, 抵抗, コイル, コンデンサーが混ざった回路の合成も, まったく同じにできるという点にある. 以下では具体例を示すが, その前に, 以下で使う三角関数の重要な公式を紹介しておこう.

5.9 複素インピーダンス

$$(\cos\theta_1 + i\sin\theta_1)(\cos\theta_2 + i\sin\theta_2) = \cos(\theta_1 + \theta_2) + i\sin(\theta_1 + \theta_2)$$
$$(\cos\theta + i\sin\theta)^{-1} = \cos(-\theta) + i\sin(-\theta) \tag{2}$$

最初の公式は三角関数の加法法則 $\cos(\theta_1+\theta_2) = \cdots$, $\sin(\theta_1+\theta_2) = \cdots$ から導ける（章末問題 5.20）．2 番目の式は書き直せば

$$(\cos\theta + i\sin\theta)(\cos(-\theta) + i\sin(-\theta)) = 1$$

だから，最初の式の $\theta_1+\theta_2 = 0$ のケースである（$\cos 0 = 1$, $\sin 0 = 0$ に注意）．

課題2 角振動数 ω の交流電源に抵抗 R とコイル L を直列につなぐ．流れる電流をインピーダンスを使って求めよ．

考え方 $\tilde{I} = Z^{-1}\tilde{\mathscr{E}}$ を使って計算する．ただし $\tilde{\mathscr{E}} = \mathscr{E}_0(\cos\omega t + i\sin\omega t)$

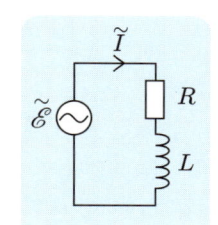

解答 合成インピーダンス Z は，直列だから

$$Z = R + i\omega L$$

これを三角関数で表そう．右の図の記号を使えば

$$Z = |Z|(\cos\theta_0 + i\sin\theta_0)$$

ただし $|Z|$ は Z の絶対値で $|Z|^2 = R^2 + (\omega L)^2$．これを使うと式 (2) より

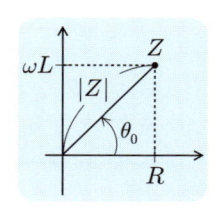

$$\begin{aligned}\tilde{I} &= Z^{-1}\mathscr{E}_0(\cos\omega t + i\sin\omega t)\\ &= \tfrac{\mathscr{E}_0}{|Z|}(\cos(-\theta_0) + i\sin(-\theta_0))(\cos\omega t + i\sin\omega t)\\ &= \tfrac{\mathscr{E}_0}{|Z|}(\cos(\omega t - \theta_0) + i\sin(\omega t - \theta_0))\end{aligned}$$

これは複素電圧 $\tilde{\mathscr{E}}$ を使った場合の答えだが，電源の電圧が $\cos\omega t$ の場合は上の $\tilde{I}$ の実数部分，$\sin\omega t$ の場合は虚数部分が答えになる．いずれにしろ，電圧と比べて位相が θ_0 だけ遅れていることには変わりはない．したがって，「振幅は $\tfrac{\mathscr{E}_0}{|Z|}$，位相は電圧と比べて θ_0 遅れる」というのが答えになる．

5.10 共振回路

次に，抵抗（抵抗値 R），コイル（インダクタンス L），コンデンサー（電気容量 C）を交流電源に直列につないだ回路を考えよう．

> **課題 1** 右の回路をインピーダンスの方法で解け．
> **解答** 直列接続だから，合成インピーダンスは
> $$Z = R + i\omega L + \frac{1}{i\omega C}$$
> $$= R + i(\omega L - \frac{1}{\omega C})$$
> これを
> $$Z = |Z|(\cos\theta_0 + \sin\theta_0)$$
> と書けば，$|Z|$ と θ_0 は右下の図の通りである．
> 後は，前項の課題 2 と同じで，電流は振幅 $\frac{\mathscr{E}_0}{|Z|}$，位相は θ_0 だけ遅れることになる．ただしコンデンサーの影響が大きく
> $$\omega L < \frac{1}{\omega C}$$
> だったら θ_0 は負になるので，電流の位相は電圧よりも進んでいることになる．これはコンデンサーの特徴である．

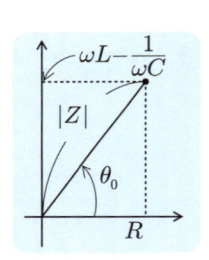

この問題の振幅について考えてみよう．
$$|Z|^2 = R^2 + (\omega L - \frac{1}{\omega C})^2 \tag{1}$$

である．つまり素子は変えないまま角振動数 ω を変えていくと，電流の振幅 ($= \frac{\mathscr{E}_0}{|Z|}$) は変化し

$$\omega L - \frac{1}{\omega C} = 0 \quad \text{すなわち} \quad \omega^2 = \frac{1}{LC} \tag{2}$$

のときに最大になる．

この ω は，5.6 項で考えた LC 回路の角振動数 ω_0 に等しい．5.6 項では，電源がなくても，抵抗がなければこの角振動数で電流が振動できることを示した．

5.10 共振回路

この ω_0 を，この回路の**固有角振動数**という．

現実の回路では抵抗があるので，LC 回路での固有角振動数 ω_0 の振動はすぐに減衰してしまう．そこで交流電源により電力を与え続け振動を起こさせるというのが，左ページの課題であった．その場合でも，交流電源の ω が ω_0 に等しいときが一番，振幅が最大になる．電源の電圧の振動が，回路固有の振動とうまく合っているからであり，これを**共振**していると表現する．一般に左ページのような回路を**共振回路**とも呼び，さまざまな振動数の信号が入ってきたときに，特定の振動数のものを取りだすために使われる．

> **課題 2**　左ページの回路で，$\omega = \omega_0$（式 (2) の ω）のとき，コイルの両端間の電圧を求めよ．また，コンデンサーの両端間での電圧を求めよ．
> **考え方**　固有角振動数では電流が大きくなるのだから，電圧も大きくなることが予想される．抵抗の場合は両端での電圧（電位降下）は IR だが，一般にインピーダンスが Z' の素子の両端での電圧は
> $$\tilde{I}Z' = \tilde{\mathscr{E}}\frac{Z'}{Z}$$
> である．ただし Z は課題 1 で求めた，回路全体のインピーダンスである．
> **解答**　上で説明したように，各素子の両端での電圧は，電源電圧の $\frac{Z'}{Z}$ 倍になる．固有角振動数のときは $\omega L - \frac{1}{\omega C} = 0$ なので $Z = R$ であり
> $$\text{コイルの場合}\quad : \quad \frac{Z'}{Z} = i\omega\frac{L}{R}$$
> $$\text{コンデンサーの場合}: \quad \frac{Z'}{Z} = \frac{1}{i\omega CR}(= -i\omega\frac{L}{R})$$
> i が付いているが，これは電源電圧と位相が $\frac{\pi}{2}$ だけずれる（$\cos$ と $\sin$ が入れ替わる）ことを意味し，振幅には関係ない．またコイルとコンデンサーでは振幅は同じだが，符号（電位差の向き）は反対であることもわかる．逆だからこそ，それぞれが電源電圧よりも大きくなれるのである．

R が小さい場合には，コイルやコンデンサーに，固有角振動数のとき大きな電圧が生じる．電源がさまざまな角振動数 ω をもつ交流を同時に含んでいる場合，$\omega = \omega_0$ の成分が特に強調されるということである．電波を受信するアンテナをこの電源とした回路が，ラジオやテレビの受信装置である．

復習問題

以下の [ ] の中を埋めよ（解答は 114 ページ）．

□**5.1** 電磁誘導の基本は，[①] が変化しているとき，同時に，[②] 電場も発生しているということである．この電場を [③] 電場という．

□**5.2** この電場によって回路に生じる [④] の大きさは，回路をつらぬく [⑤] の変化率に等しい．

□**5.3** 磁場が一定の状況で回路を動かしても起電力が発生する．このときの起電力の原因は [⑥] である．

□**5.4** 回路に流れる電流が変化すると，それによって生じている磁場が変化するので，その回路に誘導起電力が発生する．この現象を [⑦] という．[⑦] による誘導起電力は，電流の変化にブレーキをかける方向に働くので，[⑧] とも呼ばれる．

□**5.5** 回路に流れる電流と，回路をつらぬく磁束との比例関係の比例係数を [⑨] といい，通常，L で表す．どのような回路でも多少の [⑨] が存在するが，特に [⑨] を目的として使う回路素子が [⑩] である．

□**5.6** 直流回路におけるコイルは，変化にブレーキをかけるので，最終的な状態に達する時間を [⑪] 効果をもつ．

□**5.7** $\cos\omega t = \sin(\omega t + \frac{\pi}{2})$ という式からわかるように，$\cos\omega t$ のほうが $\sin\omega t$ に比べて位相が $\frac{\pi}{2}$ だけ [⑫]．$\sin\omega t$ のグラフを [⑬] に $\frac{\pi}{2}$ 分だけずらすと $\cos\omega t$ になるということである．また $\sin\omega t$ のグラフを [⑭] に $\frac{\pi}{2}$ 分だけずらせば $-\cos\omega t$ になる．

□**5.8** コイルとコンデンサーだけをつないだ回路を [⑮] と呼び，電流が振動し続けるという現象が起こりうる．これは力学で学んだ [⑯] の一種とみなせる．やはり [⑯] であるバネの運動と比較すると，コイルのインダクタンスが振動する物体の [⑰]，コンデンサーの電気容量の逆数が [⑱] に対応する．

□**5.9** 交流電源をつなげた回路の中にコイルやコンデンサーがあると，電圧と電流の間に [⑲] のずれが生じる．複素電圧，複素電流の考え方を使うと，[⑲] のずれも，[⑳] の掛け算という形で表すことができる．

□**5.10** [㉑] では，電源の振動数（周波数）が回路の [㉒] と一致したとき，振動が最大になる．これは力学での強制振動と同じ現象である．

章末問題　**113**

● 応用問題

☐ **5.11** 5.1 項の課題で，上から N 極を近づけたときは a 側が高電位になることを，同項式 (1) から示せ．C の方向を図と同じにした場合と，逆方向にした場合のそれぞれについて考えよ．

☐ **5.12** 5.2 項のコイルを下に動かす図で，磁気力の法則は使わずに 5.1 項式 (1) を使ったとしても，図に示した方向に起電力が生じることを示せ．

☐ **5.13** 5.3 項課題 2 で，電池の正負を逆にした場合にも誘導起電力は逆起電力になることを，5.1 項式 (1) を使って示せ．

☐ **5.14** 5.4 項課題 2 の過渡現象での τ（時定数）は $\frac{L}{R}$ であった．これが時間の単位をもつことを示せ．また，$R = 1\,\Omega$ であり，$S = 10\,\mathrm{cm}^2$，$l = 10\,\mathrm{cm}$，1000 巻きのソレノイドを使ったときの τ を計算せよ．

☐ **5.15** 下図の回路を考える（電源は起電力 $\mathscr{E}$ の直流電源である）．最初はスイッチは a のほうにつながっている．b に切り替えた後，どうなるかを説明せよ．

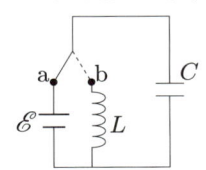

☐ **5.16** 5.6 項の LC 回路で，電気エネルギーと磁気エネルギーの和が一定であることを示せ．

☐ **5.17** 5.4 項課題 1 の回路で，エネルギー保存則を確かめよ（消費電力の和がコイルの磁気エネルギーに等しいことを示せ）．

☐ **5.18** 5.7 項の 3 つの回路について，$\mathscr{E}(t) = \mathscr{E}_0 \cos\omega t$ としたときの消費電力（= 電圧×電流）を求めよ．ただし各時刻における消費電力の正負と，1 周期の平均を取ったときの値を調べよ．

☐ **5.19** インダクタンス L_1，L_2 のコイルを直列接続したときに合成インダクタンスを求めよ．また並列接続したときはどうなるか．

☐ **5.20** 5.9 項式 (2) を，三角関数の加法定理より証明せよ．

☐ **5.21** 5.9 項課題 2 の問題を，複素インピーダンスを使わずに，本来の電位の式を使って解け（$\mathscr{E} = \mathscr{E}_0 \cos\omega t$ として計算せよ）．

□**5.22** コイル (L) とコンデンサー (C) を並列接続したときの合成インピーダンスを求めよ．特に，振動数が固有振動数に一致するときにどうなるか．直列接続した場合（5.10項）と比較せよ．

復習問題の解答

① 磁場，② 渦巻く，③ 誘導，④ 起電力，⑤ 磁束，⑥ 磁気力（ローレンツ力），⑦ 自己誘導，⑧ 逆起電力，⑨ 自己インダクタンス，⑩ コイル，⑪ 遅らせる，⑫ 進んでいる，⑬ 左，⑭ 右，⑮ LC 回路，⑯ 単振動，⑰ （慣性）質量，⑱ バネ定数，⑲ 位相，⑳ （複素）インピーダンス，㉑ 共振回路，㉒ 固有振動数

第6章

物質の電気的・磁気的性質

　電気的に中性の原子・分子であっても，外から電荷を近づけると引き付けられる．これは原子・分子内部で電荷の微小な移動が起こるからであり，分極と呼ばれる．同様に，強い磁石を物質に近づけると，物質が引き付けられたり反発したりする．これは物質内に，原子・分子レベルのミクロな磁石が発生するからであり，磁化と呼ばれる．磁化は一般的には分極よりも弱い現象だが，鉄などの特殊な物質（強磁性体という）では非常に大きな効果をもち，実用的にも重要である．

- 誘電分極
- 誘電率
- 磁性体
- 磁化電流
- 強磁性体と磁力線の閉じ込め
- 変圧器
- 相互インダクタンス

6.1 誘電分極

　導体に電荷を近づけると，導体中の自由電子が動いて表面に誘導電荷が発生し，導体内部の電場はゼロになるという話をした（2.11 項）．では自由電子がない絶縁体（1.2 項）ではどうなるだろうか．電気が流れないといっても電場に反応しないわけではない．

実験　この本の冒頭（1.1 項）では，ティッシュペーパーでこすった 2 枚のレジ袋が反発しあうという実験を行った．では，こすったレジ袋と，まだこすっていないレジ袋を近づけるとどうなるか．また，こすったレジ袋と，まだこすっていないティッシュペーパーを近づけるとどうなるか．
結果　どちらも引き付け合う．

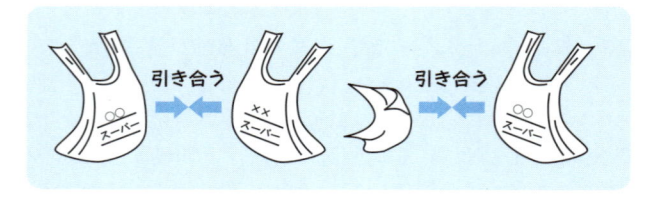

　こすったレジ袋はマイナスに帯電しているが，こすっていないものは帯電していない．なぜこの 2 つが引き付け合うのだろうか．

　近づけるものが導体（たとえばアルミ箔）でも引き付け合うが，この場合は理由はすぐにわかる．レジ袋に帯電している負電荷による反発力によって，導体内の自由電子がレジ袋から遠ざかる（たとえばアルミ箔を手で持っていれば，電子の一部が手を通って逃げる）．その結果，アルミ箔全体あるいはアルミ箔のレジ袋に近い部分がプラスに帯電するので，レジ袋と引き付け合うようになる．

　一方，絶縁体には自由電子というものはないので，電子のこのような移動は起こらない．しかし 1 つの原子・分子内での移動は起きる．

　1 つの原子を考えよう．その中心には正電荷をもつ原子核があり，その周囲に負電荷をもつ電子が回っている．電子の位置は確定していないが，平均としては原子核を中心とした球対称の領域を動いているとする．しかし負に帯電した

6.1 誘電分極

物体を近づけると，原子内の電子は反発してその物体から遠ざかろうとし，原子核は引き付けられて近づこうとする．電子と原子核は互いから離れることはできないが，原子のプラス部分とマイナス部分がずれた状態になる．

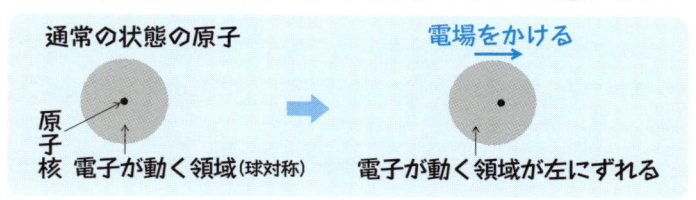

このような現象を**誘電分極**あるいは単に**分極**という．正電荷と負電荷が少しずれた状態にあるものを電気双極子と呼ぶと 2.3 項で説明した．分極とは，原子や分子が電気双極子になる現象である．

ある物体内の多くの原子が同じ方向に分極すれば，その物体のプラスの電荷とマイナスの電荷全体が，原子のスケールで左右にずれたということになり，左右の側面に正負の電荷が発生することになる．この電荷を**分極電荷**と呼ぶ．

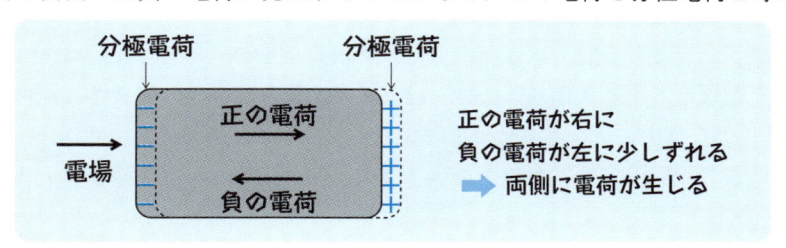

この分極電荷と，近づけた，負に帯電した物体との力を考えてみよう．この物体は正の分極電荷とは引き合い，反対側の負の分極電荷とは反発しあう．しかし電荷間の力は，近いほうが強く，遠いほうが弱い．つまり全体としては引き合うことになり，実験で 2 枚のレジ袋がなぜ引き合ったのかが理解できる．

> **コラム　極性分子**：電荷を近づけなくても最初から分極している分子もある．原子が違えば電子を引き付ける力も違うので，異なる原子が結合している分子では電子の分布に偏りが生じるからである．このような分子を極性分子という（水分子など）．極性分子があっても一般にはその向きはばらばらなので，全体として分極電荷は生じていない．しかし外から帯電物体を近づけると，その影響で極性分子の方向がそろうようになり，上の図と同様の分極電荷が発生する．　　　　　　　　　　　　　　　○

6.2 誘電率

　前項で説明したように，絶縁体でも電荷が誘導される．そのことを強調する意味で，絶縁体のことを**誘電体**ともいう．導体でも抵抗がさまざまであるのと同様に，誘電体でも，電荷が誘導される程度，つまり分極の程度は物質によって違う．それを表すのが誘電率という量である．

　広がった板を考え，それに垂直に外部から電場をかける．たとえば下図のように，その電場が下向きの場合には，板の上側の表面に負電荷が，下側の表面に正電荷が誘導される（分極電荷）．

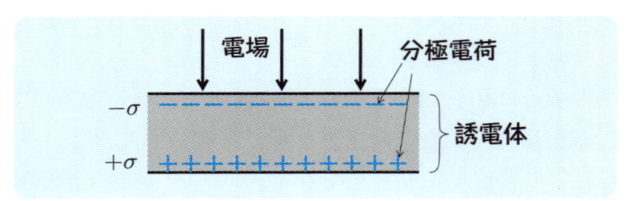

　誘導された電荷密度（単位面積当たりの電荷）をそれぞれ $-\sigma$，$+\sigma$ とする．かけた電場があまり大き過ぎなければ，σ の大きさは電場の大きさに比例する（バネの伸びは力の大きさに比例していた．フックの法則である．同様に，分極の大きさも，原子に働く電気力の大きさに比例する）．かけた電場の大きさを E_0 とすると

$$\sigma \propto E_0 \quad （比例関係） \tag{1}$$

比例係数は物質によって異なる．

　上の図からわかるように，板の内部では，両面での分極電荷 $\pm\sigma$ の影響により，電場の大きさは E_0 ではない．分極電荷は平行板コンデンサーでの電荷の配置と同じだから，板内部では $\frac{\sigma}{\varepsilon_0}$ の電場を作る（ただし E_0 とは逆向き）．したがって，板内部での電場の大きさを E とすれば

$$E = E_0 - \frac{\sigma}{\varepsilon_0} \tag{2}$$

となる．つまり電場は分極のため減少するが，σ と E_0 が比例するならば（式(1)），E_0 と E も比例することになる．それを

$$E = \frac{E_0}{\kappa} \tag{3}$$

6.2 誘電率

と書いて，係数 κ をこの物質の**比誘電率**という（式 (2) や式 (3) は誘電体が広い板状の場合であることに注意．より一般的な議論は付録 B を参照）．

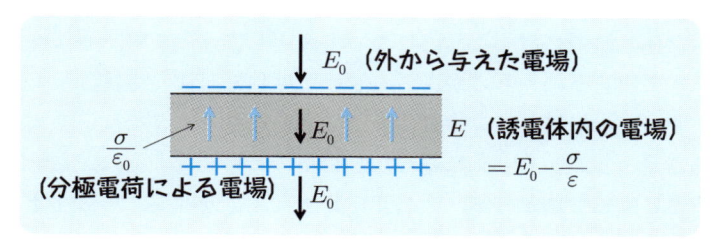

```
           ↓ E₀ (外から与えた電場)
     − − − − − − − − − −
   σ  ↑ ↑ ↑ ↑ ↑ ↑ ↑
   ─     ↓ E₀        E (誘電体内の電場)
   ε₀  ↑ ↑ ↑ ↑ ↑ ↑ ↑
     + + + + + + + + + +     = E₀ − σ/ε
  (分極電荷による電場) ↓ E₀
```

κ の値は物質によって，1 に近い場合（つまりほとんど分極しない）から，数千になる物質もある．水も誘電体だが，κ は 80 程度である．水分子は極性分子なので分極は大きく，誘電率は大きい部類に入る．導体内部は電場はゼロになるという話を 2.11 項でしたが，式 (3) に対応させれば $\kappa = \infty$ の場合に相当する．

誘電体内部では電場は減少するので電位差も減る．したがって，平行板コンデンサーの中に誘電体を詰めておくと，電気容量を増やすことができる．

> **課題** 面積 S の導体板が 2 枚，距離 d だけ離れて向かい合っており，その間は比誘電率 κ の誘電体が詰まっている．この全体をコンデンサーとみなしたときの電気容量 C を求めよ（2.9 項の計算と比較する）．
>
> **解答** はさまれた部分に板状の誘電体があると，電場は $\frac{1}{\kappa}$ 倍になる．したがって電位差も $\frac{1}{\kappa}$ 倍になるだろう．したがって電気容量は κ 倍になる．すなわち
>
> $$\text{電気容量：} \quad C = \frac{\text{電荷}}{\text{電位差}} = \frac{\kappa \varepsilon_0 S}{d}$$

つまり，適切な誘電体を使えば電気容量を数千倍にすることも可能になる．

通常，$\kappa \varepsilon_0$ をまとめて ε と書いて，この物質の**誘電率**と呼ぶ．ε_0 は物質がない（$\kappa = 1$）ときの誘電率，つまり**真空の誘電率**だということになる．ε を使えば

$$\text{電気容量：} \quad C = \frac{\varepsilon S}{d}$$

一般に，誘電体がないときの式で ε_0 となっている部分を ε に変えれば，誘電体があるときの式になる．

6.3 磁性体

　次に，物体の磁場に対する反応について説明しよう．まず，それ自体が磁気力をもつ永久磁石というものがある．それに対して通常の物質は永久磁石にはならないが，磁場に対して，物質によって異なるさまざまな反応をする．

　電気的性質を強調するときに絶縁体を誘電体と呼んだように，磁気的性質を強調するときは**磁性体**と呼ぶ．そして物質は大きく分けて，**常磁性体**と**反磁性体**に分けられる．常磁性体は，磁石を近づけると引っ張られる物質，反磁性体は反発する物質である．たとえば鉄は磁石に引き付けられるので，明らかに常磁性体である．一般の物質は鉄ほどは顕著に反応しないが，ネオジム磁石など強力な磁石の登場により，反応の様子は比較的容易に目に見えるようになった．たとえば蛇口から流れ落ちている水に強い磁石を近づけると，水は磁石から遠ざかるほうに曲がる．このことから，水は反磁性体であることがわかる．

注　鉄のような物質と通常の常磁性体とはかなり性質が違うので，鉄など磁石に強く引き付けられる物質を**強磁性体**と呼んで区別することもある．　　　　　　　　〇

　誘電体が電場に引き寄せられるのは，誘電体中の原子・分子が分極するからであった．あるいは，最初から分極している分子（極性分子）の方向がそろって，物質全体として分極するからであった．

　同じように，磁性体に磁場をかけると，ミクロな部分（たとえば原子・分子）が小さな磁石になったり，元々，ミクロな磁石であった電子や原子の方向がそろったりする．これを**磁化**という．

　すでに第4章では，電荷が流れると物質が磁気的性質を示すという話をした．導体だったら，その中を自由に動き回れる電子，つまり自由電子があり，その流れが磁場を発生させるし，またその流れは磁場から力を受ける．

　しかし鉄が磁石に引き付けられるとき，鉄の中には電流は流れていない（ただし次項では，磁化電流という仮想上の電流が流れているという話をするが）．電流を流さない絶縁体（誘電体）であっても，磁場に反応して引き付けられたり反発したりする．そのような現象が起こるのには主に2つの原因があり，それはどちらも電子に関係している．

6.3 磁性体

第1に，電子は電荷をもっている．そして自由電子ではない電子も，少なくとも原子内部では動いている．これが，原子スケールでのミクロな輪電流的な働きをする．

第2に，電子はスピンという性質ももっている（4.1項）．これは量子力学で初めて正しく理解できる性質だが，電子はまったく動いていなくても，電子自体が輪電流的な性質をもち，ミクロな磁石のような性質を示す．原子核も同じような性質をもつが，磁石としては電子に比べて1000分の1程度の強さしかもたない（質量にほぼ反比例する）．

どちらの性質も，物質全体として見たときは通常は現れない．誘電体の極性分子の場合と同様に，輪電流としての向きはばらばらなので，それぞれが作る磁場は打ち消し合って，物質全体として大きな磁場を作ることはない（そうではない例外的な状況が永久磁石である）．

しかし外から磁場をかけると，それらの「輪電流（的なもの）」の方向が完全にばらばらではなくなり，物質全体として磁化が起こる．その場合に見られるのは常磁性である．そのことは誘電体での分極と同様に考えればわかる．外部から磁石のN極を近づけた場合，物質内のミクロな磁石は，そのS極を磁石の方向に向けるだろう（少なくともその方向を向こうとする傾向が強まるだろう）．その結果，物質は磁石に引き付けられる．これは常磁性に他ならない．

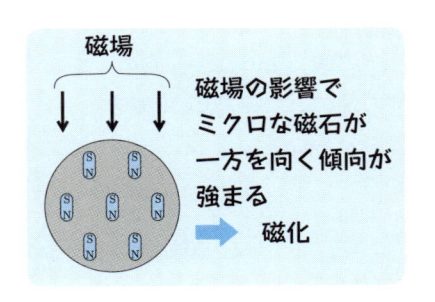

では反磁性はなぜ起こるのか．これも量子力学を使わないと正しくは説明できないのだが，大雑把には次のように説明される．原子が偶数個の電子を含んでいる場合，各電子の動きによる輪電流は，ある方向に流れるものと逆方向に流れるものとがペアになっていて，全体としては打ち消し合っている．しかし外から磁場をかけると，原子核の周囲を回る電子の運動に変化が起こる．そしてペアのうち一方の輪電流の強さが強まり，他方の輪電流の強さが弱まる．つまり完全には磁気的な性質が打ち消し合わなくなり，近づけた磁石に反発する傾向のほうが勝るようになる．大雑把に言って，これが反磁性の起源である．

6.4 磁化電流

前項では，物質の磁気的性質の起源を，ミクロな輪電流の効果だとして説明した．しかし多数のミクロな輪電流が同じ方向を向いて密集して詰まっていれば，全体として大きな輪電流があるのと同等になる．

例：2つの輪電流の合体
打ち消し合う
密集した小さな輪電流の集合は大きな1つの輪電流（破線）と同等

このように考えた大きな（仮想上の）輪電流のことを**磁化電流**と呼ぶ．誘電体での分極電荷に対応する概念である．以下，この磁化電流を使って磁性体の性質を考えていこう．

下の図のように，一定の太さをもつ，長い円柱状の磁性体を考える．この円柱の端の方に磁石のN極を近づけたとする．それによって棒が磁化した場合，棒のどちら側にN極／S極が現れるだろうか．それは棒が磁石に引き付けられるのか（常磁性体），反発するのか（反磁性体）によって変わる．

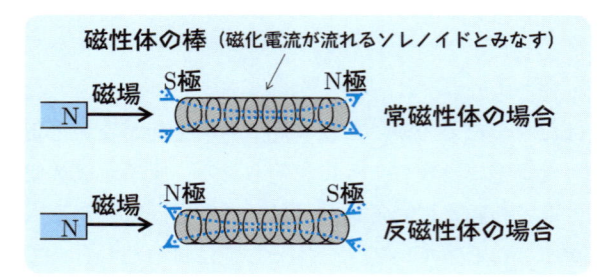

磁性体の棒（磁化電流が流れるソレノイドとみなす）
磁場 N → S極　　N極　常磁性体の場合
磁場 N → N極　　S極　反磁性体の場合

上の図には，棒の磁化を磁化電流，つまりソレノイドとして考えたときの，棒の内部の（棒による）磁力線も示してある．棒内部（つまりソレノイド内部）の磁場の方向を見ていただきたい．常磁性体では，外から与えた磁場の磁力線と，ソレノイドによる磁力線が，同じ向きである．つまり磁性体がある結果と

6.4 磁化電流

して，その内部での磁場は強まる．一方，反磁性体の場合は逆に，内部での磁場は弱まる．

どの程度強まるのか，弱まるのかを表す量が透磁率である．この量を定義するには，棒を一様な磁場中に置くのがよい．まず，棒より半径の大きい，長い現実のソレノイドを用意し，それに電流を流す．するとその内部には一様な磁場ができる．それを B_0 としよう．次にその内部に，棒を入れる．そのときに棒の内部にできる磁場（外部のソレノイドによる磁場と棒の磁化電流による磁場の合計）を B とする．

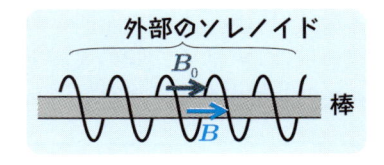

B_0 があまり大きくなければ B と B_0 は比例するので（6.2 項の議論で E と E_0 が比例すると言ったのと同様な意味で），その関係を

$$B = \kappa_m B_0 \tag{1}$$

と書き，κ_m を**比透磁率**と呼ぶ．また磁化がまったく起きなければ $\kappa_m = 1$ なので，それからのずれを χ_m とし，**磁化率**と呼ぶ．すなわち

$$\kappa_m = 1 + \chi_m$$

また，比誘電率に ε_0 を掛けたものを誘電率と呼んだように，比透磁率に μ_0 を掛けたものを**透磁率**と呼び μ と書く．

$$\text{透磁率}: \quad \mu = \kappa_m \mu_0 = (1 + \chi_m)\mu_0$$

物質がない真空中では $\kappa_m = 1$ なので，μ_0 を**真空の透磁率**と呼ぶ．

前の議論からわかるように，常磁性体では $\chi_m > 0$，反磁性体では $\chi_m < 0$ である．一般にはどちらも非常に小さい量であり，常磁性体では χ_m が 10^{-3} 程度，反磁性体では -10^{-4} 程度である．つまり非常に強い磁石を使わないと，磁化の効果を見ることは難しい．しかし鉄，コバルト，ニッケル，幾つかのレアアースなど，磁石によく引き付けられる物質がある．これらの物質が**強磁性体**であり，χ_m の値は数千という大きさになる．したがって，ソレノイドの中にこれらの物質を詰めると，ソレノイドに流す電流は同じでも，内部の磁場は数千倍にもなる．

6.5 強磁性体と磁力線の閉じ込め

強磁性体の磁化率が非常に大きいのはスピンの性質による．強磁性体内の電子の一部は，外から磁場をかけなくても，そのスピンの方向をそろえようとする性質をもっている．そのため，外から磁場をかけたとき，多くの電子のスピンが互いに影響し合って同方向に向き，大きな磁化をもたらすのである．コイルの中にこのような強磁性体を詰めると，内部の磁場が数千倍にもなる．その結果として，コイルの自己インダクタンスも大きく変わる．

> **課題** 自己インダクタンス L の中空のソレノイドの中に，ほぼ同じ太さの，比誘電率 κ_m の強磁性体の棒を詰めた．自己インダクタンスはどうなるか．
> **解答** 自己インダクタンスの定義式は，Φ(磁束)$= LI$ であった．同じ電流 I でも磁性体を入れると磁場は κ_m 倍になるので，その合計である磁束も κ_m 倍になる．したがって，L も κ_m 倍になる．

κ_m が数千にもなる強磁性体の場合，その内外で磁場が大きく変化している．その結果について詳しく考えてみよう．

前項の式 (1) は，磁性体内外の磁場の比を表しているが，これは，磁性体表面に平行な磁場の場合である．強磁性体の場合，棒の表面の上下で磁場の大きさが急激に変化している．

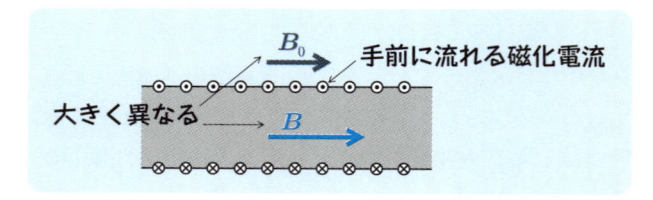

この変化をもたらすのは，表面に流れる磁化電流であるとみなせる．磁化電流は棒をぐるぐると回っている．上の図は棒の縦断面だが，磁化電流は上側では手前に（紙面の裏から表に），下側では逆方向に流れている．

一般に表面に流れる電流（面電流）があると，その電流によって，面に平行，電流には垂直の磁場が両側で逆方向にできる（4.6 項）．実際には他の部分の電

6.5 強磁性体と磁力線の閉じ込め

流による磁場もあるが，それは面上で不連続ではないので，面電流の両側では面に平行な方向の磁場は不連続に変わらざるをえない．

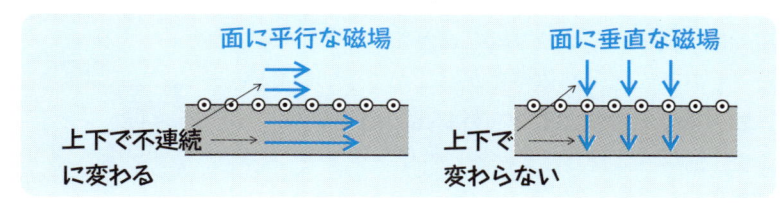

一方，面電流は，面に垂直方向の磁場は作らないので，仮に外部から垂直に磁場が入ってきたら，垂直成分に関してはそのまま，大きさが変わらないで面を通過する．

では，磁力線が磁性体の表面に斜めに入ってきたらどうなるだろうか．それはその磁場を面に平行な方向と垂直な方向に分けて考えればよい．磁力線が面から中に入ると，磁場の垂直方向の大きさは変わらず，面に平行な方向は（強磁性体ならば）数千倍にもなる．その結果，磁力線は図のように曲がる（屈折する）ことになる．つまり，図の角度 θ はほとんどゼロである．

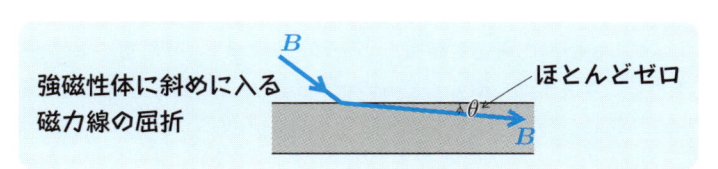

たとえば強磁性体の板に斜めに磁力線が入ってきた場合には，磁力線は板内部では表面にほとんど平行に進み，板の厚さの数千倍進んでから，下の面から出ていくことになる．これは，強磁性体内部に入った磁力線は，ほとんど外には出ていかないことを意味する．たとえば，強磁性体でリングを作り，その一部に導線を巻いてコイルにしたとしよう（これをトロイダルコイルという）．コイルに電流を流すと磁場が発生するが，その磁力線はこのリングからは（ほとんど）出ていかず，リング内部を1周することになる．

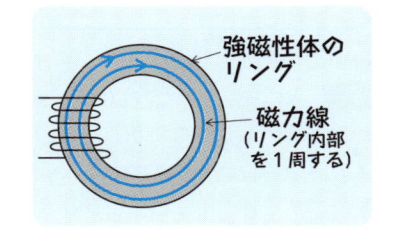

6.6 変圧器

前項では，強磁性体は磁力線を逃がさないという話をした（もちろん強磁性体の棒がどこかで途切れていれば，磁力線はその端付近から外に出ていくが）．

そこで，強磁性体（たとえば鉄）のリングを使って，右の図のような装置を作ったとしよう．リングの両側に導線を巻いて，2つのコイルを付けたという状態である．

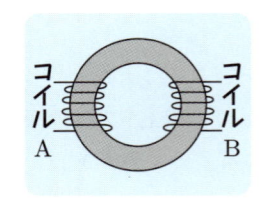

ここで，コイル A に交流電流を流す．すると磁場が発生するが，それによる磁力線はそのままリングを通ってコイル B に入る．電流が交流ならばこの磁場は変化するので，誘導電場が生じて，コイル B に起電力が発生するだろう．その大きさは，コイルの巻き数の比で決まる．

> **課題 1** コイル A での導線の巻き数を n_A，コイル B での導線の巻き数を n_B とする．コイル A に交流電流を流したとき，コイル A に生じる逆起電力の振幅 $\mathcal{E}_A$ と，コイル B に発生する誘導起電力の振幅 $\mathcal{E}_B$ の比を求めよ．
>
> **解答** リングの横断面を横切る磁束を Φ とする．コイル A を貫く全磁束 Φ_A は $n_A \Phi$ であり，これを時間で微分したものがコイル A での誘導起電力（逆起電力）$\mathcal{E}_A$ になる．同様にコイル B を貫く全磁束 Φ_B は $n_B \Phi$ であり，これを時間で微分したものがコイル B での誘導起電力 $\mathcal{E}_B$ になる．磁力線がどこからも逃げていかなければ，どこでも Φ は同じなので（下の注を参照）
>
> $$\frac{d\Phi}{dt} = \frac{\mathcal{E}_A}{n_A} = \frac{\mathcal{E}_B}{n_B}$$
>
> したがって，$\frac{\mathcal{E}_A}{\mathcal{E}_B} = \frac{n_A}{n_B}$．

注 磁力線が漏れなければ磁束はリングのどこでも等しいというのは，直観的に納得できるかもしれないが，厳密には説明が必要である．電気力線の場合，これはガウスの法則の特殊ケースである．管の中を電気力線が通っていて，管の側面からは漏れず，しかも管の中には電荷は存在していないとしよう．すると，管に片方の断面から入っていく電場と，もう一方の断面から出ていく電場の合計は等しい．磁場について

6.6 変圧器

もガウスの法則に相当するものが成り立ち，しかも磁場の場合には磁荷というものは存在しないので，任意の領域に入ってくる磁場の合計と出ていく磁場の合計は常に等しくなる（7.3 項の法則 II）． ○

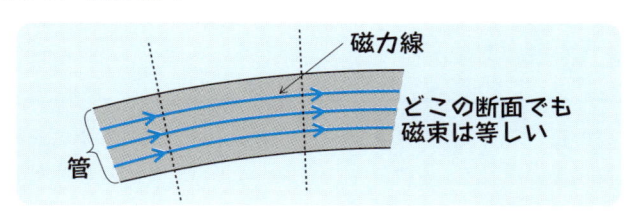

左ページの装置は交流の電圧を変えるのに使えるので**変圧器（トランス）**という．この変圧器の両側に電源と抵抗をつないだ場合，どのような電流が流れるだろうか．

> **課題2** 右下の回路に流れる電流 I_B を求めよ．
> **解答** 左側のループ，右側のループそれぞれについて回路の式を書く．
> 左側：電源の 起電力 ＝ コイル A での逆起電力 $\cdots \mathscr{E} = \frac{d\Phi_A}{dt}$
> 右側：コイル B での 誘導起電力 ＝ 抵抗 での電位差 $\cdots \frac{d\Phi_B}{dt} = RI_B$
> （各辺の符号はコイルの巻き方などに依存するので，ここでは厳密には考えていない）．課題1の解答で述べたように，$\frac{\Phi_A}{\Phi_B} = \frac{n_A}{n_B}$ なので，
>
> $$\frac{d\Phi_B}{dt} = \frac{n_B}{n_A}\frac{d\Phi_A}{dt}$$
>
> これに上の2式を代入すると
>
> $$RI_B = \frac{n_B}{n_A}\mathscr{E} \quad \Rightarrow \quad I_B = \frac{n_B}{n_A}\frac{\mathscr{E}}{R} \quad (1)$$

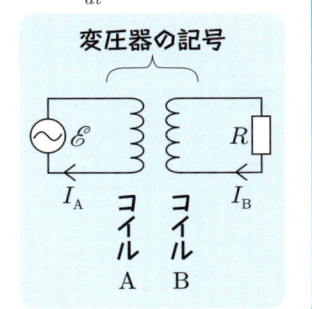

課題1ですでに見たように誘導起電力が $\frac{n_B}{n_A}$ 倍になるのだから，この結果は当然，予想されたものである．では左側の電流 I_A はどうなるだろうか（次項へ続く）．

6.7 相互インダクタンス

前項の回路の電流 I_A について議論する前に，鉄のリングに巻いたコイルのインダクタンスを求めよう．

課題1 1周の長さ l, 断面積 S の鉄（透磁率 μ）の円形リングに導線を n 回巻く．このコイルの自己インダクタンスを求めよ．ただし，磁力線はリングからまったく逃げないと近似してよいとする（1周の長さはリングの外側か内側かによって変わるが，その差は無視できるとして考える）．

考え方 コイルに電流 I が流れているとしよう．一つ一つの電流の輪で発生する磁力線は，その輪がどこにある場合でもリング内部を通って1周する．つまり磁場の様子は輪の配置には依存しない．したがってコイルが1か所にまとまっている場合でも，全電流 nI がリング全体に一様に分散していると考えてよい．

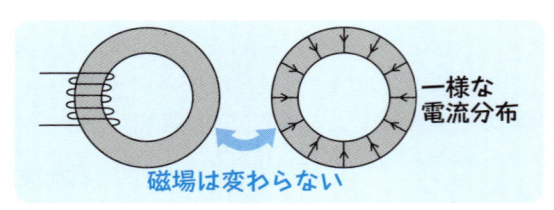

解答 上で説明したように，全電流がリング全体に一様に分散していると仮定する．そのときはその形から考えて，鉄がない場合でも，磁力線はリングから逃げずにぐるぐる回ると考えていいだろう．するとその磁場の大きさは，リング内部を1周する経路にアンペールの法則を適用して

$$B \times l = \mu_0 n I$$

これは鉄がないとした場合の磁場である．これに鉄を入れれば，磁場は κ_m 倍になり，$\kappa_m \mu_0 = \mu$ より，$B = \frac{\mu n I}{l}$. しがたってリングの断面を通過する磁束 Φ は，

$$\Phi = BS = \frac{\mu S n I}{l} \tag{1}$$

（リングの太さはリングの大きさに比べて十分に小さく，ソレノイドと同様に，磁場はリングの内部で一様だとみなした）．コイルをつらぬく全磁束はこの n 倍であり，自己インダクタンス L は

$$\text{全磁束}（= n\Phi）= LI$$

と定義されるので,
$$L = \frac{\mu S n^2}{l}$$

次に,コイルが2つ巻いてある,前項の変圧器を考えよう.鉄のリングを通る磁束 Φ は,電流 I_A によって生じる磁場と,電流 I_B によって生じる磁場の合計である.そしてそれぞれは,電流 I_A, I_B に比例するだろう.

したがって,たとえばコイル A を貫く全磁束 Φ_A は,
$$\Phi_A = L_A I_A + L_{AB} I_B \quad (2)$$

という形に書ける.この式で L_A, L_{AB} は比例係数だが,L_A は上の課題1で計算した自己インダクタンスである.
$$L_A = \frac{\mu S n_A^2}{l}$$

L_{AB} はコイル A と B の相互関係を表しているので**相互インダクタンス**と呼ばれる.

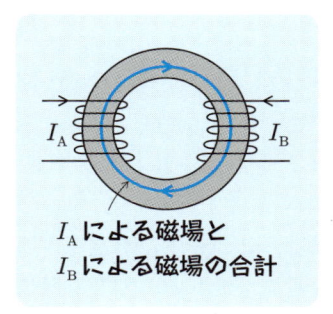

課題2 L_{AB} を求めよ.
解答 電流 I_B によってリング内に発生する磁束 Φ は式 (1) より
$$\Phi = \frac{\mu S n_B I_B}{l}$$

これによってコイル A を貫く全磁束は
$$\Phi_A = n_A \Phi = \frac{\mu S n_A n_B I_B}{l}$$

したがって
$$L_{AB} = \frac{\mu S n_A n_B}{l}$$

同様にコイル B を貫く全磁束 Φ_B は
$$\Phi_B = L_B I_B + L_{BA} I_A$$

という形に書けるが,L_B は L_A と同じ形,また $L_{BA} = L_{AB}$ である.

いよいよ，前項課題 2 の電流 I_A を求める番である．この課題で与えた式（左側に対する式）に，上の式 (2) を代入すると

$$\mathscr{E} = L_A \frac{dI_A}{dt} + L_{AB} \frac{dI_B}{dt}$$

さらに $\frac{L_{AB}}{L_A} = \frac{n_B}{n_A}$ であることも使えば，

$$\frac{dI_A}{dt} = \frac{\mathscr{E}}{L_A} - \frac{n_B}{n_A} \frac{dI_B}{dt} \tag{3}$$

たとえば $\mathscr{E} = \mathscr{E}_0 \cos \omega t$ の場合は

$$I_A = \frac{\mathscr{E}_0}{\omega L_A} \sin \omega t - \frac{n_B}{n_A} I_B \tag{4}$$

となる．微分すれば式 (3) になるように決めた．これが答えである．

この結果の意味を考えておこう．まず右辺第 1 項は，コイル B がないときにコイル A に流れる電流である．電圧の $\cos \omega t$ が $\sin \omega t$ に代わっており，位相が $\frac{\pi}{2}$ だけずれている．コイルに流れる電流の特徴である (5.6 項)．右辺第 2 項は，この変圧器で電圧が増加する場合 ($n_B > n_A$)，コイル A のほうに大きな電流が流れることを意味する．これは電力のことを考えれば当然である．電力は電流 × 電圧で表され，左側の電源が費やす電力と，右側の抵抗で消費される電力は等しくなければならないからである．前項式 (1) より電流 I_B は $\mathscr{E}$ と同じ位相（つまりここでは $\cos \omega t$）なので，第 2 項も同じ位相であることに注意（この項の符号がマイナスになっているが，これはコイルの巻き方，電流の方向の定義によって決まることで，電力の大きさには関係ない）．

では，式 (4) 右辺の第 1 項は電力には関係ないのだろうか．電力=電流 × 電圧の式で考えれば，電流と電圧の位相が $\frac{\pi}{2}$ だけずれているときには，平均の消費電力はゼロになることがわかる．実際，三角関数の公式より

$$\text{電力} \propto \sin \omega t \times \cos \omega t = \tfrac{1}{2} \sin 2\omega t$$

なので，平均すればゼロになる．$\sin 2\omega t$ はプラスになったりマイナスになったり振動するが，これはエネルギーが電源からコイルに伝えられ（コイルに磁気エネルギーが発生する），またコイルから電源に戻されるという過程を繰り返しているためである．

章末問題

● 復習問題

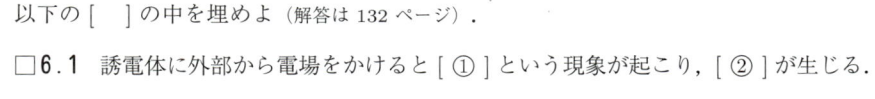

以下の [　] の中を埋めよ（解答は 132 ページ）．

☐ **6.1** 誘電体に外部から電場をかけると [①] という現象が起こり，[②] が生じる．

☐ **6.2** 分極のしやすさを表す量が [③] である．この値が大きい物質をコンデンサーの中にはさむと，[④] を大きく増やすことができる．

☐ **6.3** 磁性体には [⑤] と [⑥] がある．[⑤] は磁石に引き付けられ，[⑥] は磁石と反発する．

☐ **6.4** 磁場をかけることによって物質が磁石の性質をもつことを [⑦] という．

☐ **6.5** 磁石となった物質の磁性を電流として表したものを [⑧] と呼ぶ．物質を，その表面を取り巻く [⑨] として表すことになる．

☐ **6.6** 外から磁場を掛けたときに物質内に生じる磁場の大きさは，外からかけた磁場の大きさと比べて，[⑩] の場合は増え，[⑪] の場合は減る．特に [⑫] の場合は数千倍にもなる．

☐ **6.7** 磁力線は [⑬] 内に閉じ込められる傾向をもつ．

☐ **6.8** 強磁性体でできたリングの 2 か所にコイルを巻くと，交流電流の電圧を変える [⑭] にすることができる．各コイルでの電位差の比は，それぞれの [⑮] の比に等しい．

☐ **6.9** あるコイルの電流と，それによって生じる別のコイル内の磁束の比を，[⑯] という．

☐ **6.10** 変圧器の 1 次側のコイル（電源につながっているほうのコイル）には，電源電圧と位相が [⑰] 電流と，位相が [⑱] 電流が流れる．位相が [⑰] 電流のみが消費電力に関係する．

● 応用問題

☐ **6.11** 6.6 項および 6.7 項で検討した変圧器で，コイル A に $\mathscr{E} = \mathscr{E}_0 \cos \omega t$ の交流電圧をかけたときの磁束 $\varPhi_A$ を，次の 2 つの方法で求めよ．
(a) $\mathscr{E} = \frac{d\varPhi_A}{dt}$ より． (b) $\varPhi_A = L_A I_A + L_{AB} I_B$ より．
ただし電流は本文で求めた結果を用いよ．また，$\mathscr{E}$ と比較して，I_A, I_B および変圧器内の磁束 $\varPhi$ $\left(= \frac{\varPhi_A}{N_A}\right)$ の位相はどうなっているか．

復習問題の解答

① 誘電分極, ② 分極電荷, ③ （比）誘電率, ④ 電気容量, ⑤ 常磁性体, ⑥ 反磁性体, ⑦ 磁化, ⑧ 磁化電流, ⑨ コイル, ⑩ 常磁性体, ⑪ 反磁性体, ⑫ 強磁性体, ⑬ 強磁性体, ⑭ 変圧器, ⑮ 巻き数, ⑯ 相互インダクタンス, ⑰ 同じ, ⑱ （$\frac{\pi}{2}$ だけ）遅れた

第7章

マクスウェル方程式と電磁波

　マクスウェルは，これまで説明してきた電場・磁場発生のメカニズムに加えて，もう1つの法則を提唱した．それは電磁誘導の裏返しであり，電場が変化するとき磁場が渦巻くというものである．マクスウェルはさらに，これらの法則を使って電磁波というものの存在を導いた．そして光も電磁波の一種であると推定した．この章では電場・磁場の法則を微分方程式という形に書き換え，電磁波の存在を導く．流れの発散（ダイバージェンス）と回転（ローテーション）を表す式を理解しなければならない．電磁波は，その進行方向，電場の向き，そして磁場の向きが互いに直交していることが特徴である．

> 波の形
> 電磁波の例
> 電場・磁場の4法則
> 微分で表す湧き出しの法則
> 　　　（発散密度）
> 微分で表す渦の法則（回転密度）
> 電磁波の存在

7.1 波の形

電磁波とは，電場の波と磁場の波が組み合わさったものである．しかし電磁波の説明の前に，まず一般的な波の式を説明しておこう．

まず1次元的な波を考える．無限に長いヒモが一直線に張られていて，波打っていると考えればよい．たとえばある時刻での波が下の図のようになっており，この波の形（波形）が，ある速さで右方向に進んでいるとする．

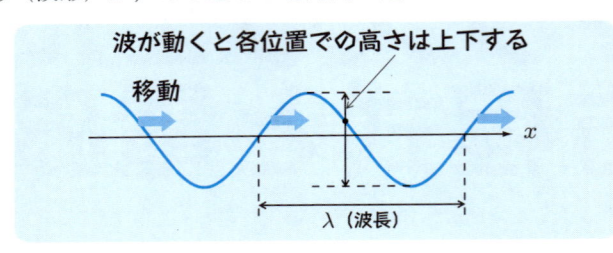

この波を表す関数を $F(x,t)$ としよう．t は時刻，x は位置を表す．この関数は以下の3つの特徴を同時に表現していなければならない．

波の特徴 I：各時刻 t で波の形を表す．つまり t を一定にして x を変えたとき，上下に変化する関数でなければならない．

波の特徴 II：各位置 x で，時間が経過すると，上下に振動しなければならない．

波の特徴 III：波形全体が一定の速さで移動している（ただし定常波という，移動しない波もある）．

このような特徴を同時にもっている関数は

$$F(x,t) = A\sin(\tfrac{2\pi x}{\lambda} - 2\pi ft + \theta_0) \qquad (1)$$
$$= A\sin(kx - \omega t + \theta_0) \qquad (2)$$

と書ける（括弧の中はラジアン単位で表す）．1行目で λ，f，θ_0 は定数であり，2行目では $\tfrac{2\pi}{\lambda}$ をまとめて k，$2\pi f$ をまとめて ω と書いた．これらの量の意味はこれから説明するが，sin の中全体を位相というのは，5.5項の交流の場合と同じである．

この式がどのように，上の3つの特徴を表しているかを説明しよう．

各時刻での波形　各時刻，たとえば時刻 $t = t_0$ では，$-2\pi ft_0 + \theta_0$ をまとめ

7.1 波の形

て θ(定数)と書くと式 (1) は

$$F(x, t=t_0) = A\sin(\tfrac{2\pi x}{\lambda} + \theta)$$

となる．これが左の図の波形である．F は x の正弦関数 (sin) だから，この波形を正弦波という．cos の場合も，θ を調整すれば sin になるので正弦波である．

λ の意味は図に示されている．x が λ だけ増えると位相は 2π ($= 360°$) だけ増える．これは波の 1 つ分なので λ を **波長** とよぶ．

この逆数 $\frac{1}{\lambda}$ は，単位長さ当たりに波が何個分，入っているかを表すので **波数**(波の数)と呼ぶ．波 1 つ当たりで位相は 2π 変わる．したがって波数に 2π を掛けた $\frac{2\pi}{\lambda}$ つまり k を，単位長さ当たり位相が何ラジアン変わっているかを示すという意味で **角波数** という．ただし k 自体を単に波数と呼ぶこともある．

各位置での振動　次に，各位置で波の振る舞いを調べよう．たとえば位置 $x = x_0$ では式 (1) は，$kx_0 + \theta_0$ をまとめて θ(定数)と書くと

$$\begin{aligned}F(x=x_0, t) &= A\sin(-2\pi f t + \theta) = -A\sin(2\pi f t - \theta) \\ &= -A\sin(\omega t - \theta)\end{aligned} \quad (3)$$

となる．ただし $\sin(-X) = -\sin X$ という公式を使った．これは，位置 x_0 で波が上下動するようすを表す関数である．

式 (3) は，符号に違う所があるが，基本的には 5.5 項式 (1) の交流の振動と同じ形である．したがって，f(振動数あるいは周波数)，ω(角速度あるいは角振動数)の意味は 5.5 項で説明した通りである．また，上の式 (3) の場合は，$-A$ の絶対値が振幅である．

波の移動　式 (2) は

$$F(x, t) = A\sin(\tfrac{2\pi}{\lambda}(x - vt) + \theta_0) = A\sin(k(x - vt) + \theta_0) \quad (4)$$

とも書ける．ただし $v = f\lambda = \frac{\omega}{k}$ である．一般に $f(x-a)$ という関数は，$f(x)$ を x のプラス方向に a だけずらしたものである ($f(x-a)$ の $x = a$ が $f(x)$ の $x = 0$ に相当する)．したがって式 (4) は，時刻 t では $t = 0$ と比べて vt だけ右に動いている，つまり波の進む速さが v であることを意味する．ただしこれは $v > 0$ の場合である．$k < 0$ とすれば $v < 0$ となり，左に動いていることになる．あるいは $k > 0$ であっても，これまでの式の t の項の符号を $+$ にしておけば，左に動く波を表すことができる．

7.2 電磁波の例

電磁波は3次元的な広がりをもつ波である．しかし波が進む方向を向く直線を考えると，その直線上では前項で説明した式を使って波を表すことができる．

ここでは図示の都合上，y方向に進む波を考える．そしてy方向を向く直線の代表として，y軸を考える．つまりy軸上で，電場，磁場がどのように変化するかを考えるのである．

電磁波の実例を1つ示そう．ある時刻でのy軸上の電場と磁場のようすを示したのが下の図である．波長をλとし，また速度vで右に動いているとする（周波数fは$\frac{v}{\lambda}$）．

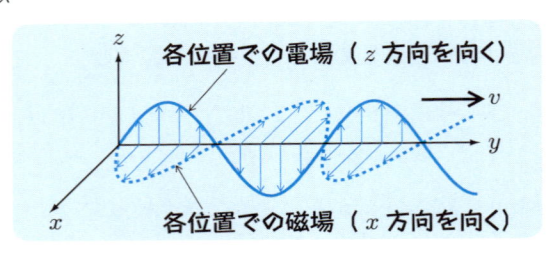

電場のほうから説明しよう．電場は向きをもつ量，すなわちベクトルなので，方向を含めて表すには3つの成分(E_x, E_y, E_z)が必要である．しかし上の図では，y軸上の各点で電場はz方向を向いている．つまり$E_x = E_y = 0$であり，z成分E_zのみが存在する．それが波長λ，周波数fの波になっているのならば，

$$E_z = E_0 \sin(\tfrac{2\pi y}{\lambda} - 2\pi ft) \tag{1}$$

という形に書けるだろう．E_0は振幅である．

次に磁場を考えよう．電場と同様に磁場もベクトルだが，上の図では磁場はx方向を向いている．つまり$B_y = B_z = 0$であり

$$B_x = B_0 \sin(\tfrac{2\pi y}{\lambda} - 2\pi ft) \tag{2}$$

という形になる．

以上はy軸上での話である．電磁波は一般に空間に広がっておりy軸に限定されるわけではない．一番簡単なのは，y軸に平行なすべての直線上で，式(1)

と (2) で表される同じ電場・磁場の波が存在する場合である．この場合，x や z が異なっても y が同じならば電場や磁場は等しい．一般に，ある時刻で電場や磁場が等しい面を**波面**というが，この場合，$y =$ 一定 という平面（y 軸に垂直な平面）が波面になっている．波面が平面なのでこれを**平面波**という．この波面が速度 v で y 方向に動いているのがこの波である．

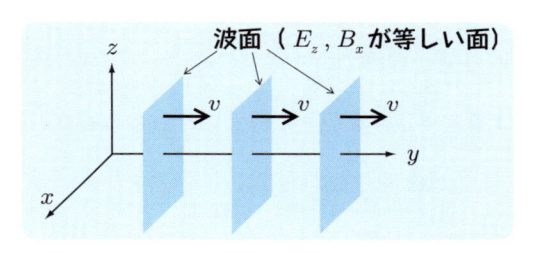

波面（E_z, B_x が等しい面）

波面が一点（発生源）から放射状に広がると球面波になるが，発生源からかなり遠方ならば，狭い範囲内では波面はほとんど平面になる．

ここでは天下り的に電磁波の例を示したが，このような波が存在することが電磁気学の法則から証明できるのか，波の進行速度や振幅はどのように決まるのか，電場や磁場が別の方向を向く可能性はあるのか，といったことを考えなければならない．

これらのことを決めるのは，電場・磁場の発生の法則である．それについては，これまで第 2 章の静電場の法則（クーロンの法則とそれに関連したガウスの法則），第 4 章の静磁場の法則（アンペールの法則），そして第 5 章の電磁誘導の法則を説明してきた．そしてマクスウェルが，これらの法則の修正が 1 つだけ必要であると提唱して電磁気学の理論を完成させた．それは次項で説明する．

電磁波について議論するには，これらの法則を，微分方程式という形に書き直す必要がある．この章では数学的に多少，高度な話にはなるが，電磁気学の法則を微分方程式の形に書き換え，式 (1)，式 (2) がそれらの式を満たすことを確かめる，という方針で話を進めていこう．

7.3 電場・磁場の 4 法則

　この本で説明してきた電場・磁場の発生に関する基本法則を，湧き出しと渦という観点からまとめてみよう．

法則 I：**電場は電荷から湧き出す**（ガウスの法則：2.4 項）

$$\text{ある領域を囲む面から出ていく電場の総量} = \frac{\text{その領域内部の電荷の総量}}{\varepsilon_0}$$

法則 II：**磁場には湧き出しはない**（磁荷というものは存在しない）

$$\text{ある領域を囲む面から出ていく磁場の総量} = 0$$

法則 III：**電場は磁場が変化する方向を軸として渦巻く**（電磁誘導の法則 5.2 項）

ある閉曲線に沿っての電場の大きさの合計
$= -$（その閉曲線で囲まれる面をつらぬく磁場の総量（磁束）の変化率）

法則 IV：**磁場は電流を軸として渦巻く**（アンペールの法則：4.5 項）

ある閉曲線に沿っての磁場の大きさの合計
$= \mu_0 \times$（その閉曲線で囲まれる面をつらぬく電流の総量）

注　静的な場合には上記の 4 法則を組み合わせてクーロンの法則とビオ-サバールの法則が導ける．つまり上の 4 法則にクーロンの法則とビオ-サバールの法則を付け加える必要はない（章末問題 7.18 参照）．　　　　　　　　　　　　　　　　○

　電磁波とは，電荷も電流もない空間に，電場と磁場の波が伝わるという現象である．上の 4 法則で電荷も電流もないとすれば

　　　　法則 I と II　：　電場も磁場も湧き出しはない．
　　　　法則 III　　　：　電場は磁場が変化する方向を軸として渦巻く．
　　　　法則 IV　　　：　磁場は渦巻かない．

　7.2 項の図からはすぐにはわかりにくいが，この図の電場には渦がある（7.5 項で説明する）．つまり法則 III とつじつまがあっている．しかし 7.2 項の電磁

波では電場と磁場が対等な形に入っているので，もし電場に渦があるとしたら磁場にも渦があるはずである．だとすれば，法則 IV はおかしくはないだろうか．

マクスウェルは，アンペールの法則は次のように変更されるべきであると主張した．それを**アンペール-マクスウェルの法則**という．

法則 IV（新）：磁場は電流と，電場が変化する方向を軸として渦巻く

ある閉曲線に沿っての磁場の大きさの合計

$= \mu_0 \times$（その閉曲線で囲まれる面をつらぬく電流の総量）

$+ \varepsilon_0 \mu_0 \times$（その閉曲線で囲まれる面をつらぬく電場の総量の変化率）

なぜ右辺の第 2 項が必要なのか，そしてなぜその係数は $\varepsilon_0\mu_0$ なのか．そのことの説明として，しばしば次の例が使われる．

無限に長い直線電流 I があったとしよう．ただし，1 か所だけ切れていて，そこには平面コンデンサーがある（図では極板を円板で示した）．一定の電流 I が常に流れているので，この極板には電荷がどんどんたまっており，したがって極板間の電場は一定の割合で増え続ける．ここで，この電流の周りを回る何らかの閉曲線 C に沿っての磁場にアンペールの法則を適用してみよう．つらぬく電流を計算するには，C を境界とする何らかの面を考える必要がある．しかしこの面を，両極板の隙間を通り抜けるように取ると，電流はつらぬいていないので，左ページのアンペールの法則では右辺はゼロになってしまう．しかしもし上式のように，電場の変化が関係する項もあるとすれば，コンデンサー内部ではまさに電場が変化しているので，ゼロにはならない．実際，コンデンサーの面積を S，たまっている電荷を Q とすれば，内部の電場は，$\frac{\sigma(電荷密度)}{\varepsilon_0} = \frac{Q}{\varepsilon_0 S}$ であり，

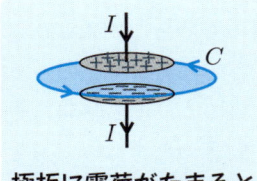

電場の総量（電場 × 面積）の変化率 $= (\frac{Q}{\varepsilon_0 S} \times S)$ の変化率 $= \frac{d}{dt}(\frac{Q}{\varepsilon_0}) = \frac{I}{\varepsilon_0}$

となる（$\frac{dQ}{dt} = I$ を使った）．したがって上式のように $\varepsilon_0\mu_0$ を掛ければ $\mu_0 I$ となり，電流がつらぬく面を考えた場合と同じになる．

7.4 微分で表す湧き出しの法則（発散密度）

　前項の修正した形での，湧き出しと渦の法則によって電場と磁場が決まるという理論がマクスウェルの理論であり，少なくともマクロなレベルの現象に対しては現在でも正しいと思われている（マクロなレベルとは，原子・分子といった小さなスケールのことは考えないということ）．

　これらの法則を微分の形で書き表そう．まず湧き出しについての法則から考える．湧き出しや渦といった表現は，電場や磁場を流れとしてとらえた見方である．実際に何かが流れているわけではないが，電場や磁場を表すベクトル（矢印）が，あたかも何かの流れであるかのようにみなすということである．

　1 次元での流れを考えてみよう．太さ一定の，細くて長いパイプの中で，体積の変わらない水が流れている状況をイメージするとわかりやすい．決まった長さの部分に存在できる水の量は一定である．各点 x での流れの大きさを $a(x)$ と書こう．単位時間にそこを通過する水量である．流れが右向きのとき $a > 0$，左向きのときは $a < 0$ とする．図では矢印で，流れの方向と大きさを表す．

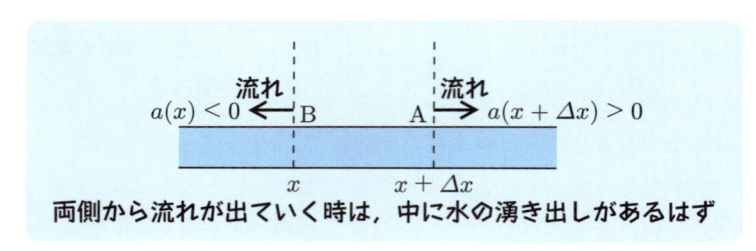

両側から流れが出ていく時は，中に水の湧き出しがあるはず

　図の A と B の座標をそれぞれ $x + \Delta x$ および x とする．もし A では流れが右向き（$a(x + \Delta x) > 0$），B では左向き（$a(x) < 0$）だとすれば，AB 間に存在する水量は変わらないのだから，AB 間のどこかで水が湧き出していなければならない．湧き出しのことを**発散**ともいう．そこから流れが四方八方に広がるというイメージである．AB 間での発散の量は，そこから出ていく量に等しく

$$\begin{aligned}
&\text{AB 間での発散（湧き出し）の総量} \\
&= \text{A から（右に）出ていく量} + \text{B から（左に）出ていく量} \quad (1) \\
&= a(x + \Delta x) + (-a(x)) = a(x + \Delta x) - a(x)
\end{aligned}$$

7.4 微分で表す湧き出しの法則（発散密度）

となる．

AとBで流れの方向が同じでも，その大きさが等しくなければやはり発散はある．たとえばどちらでも流れが右向き（$a > 0$）の場合，流れの差が，AB間での発散の量になり，式 (1) は変わらない．

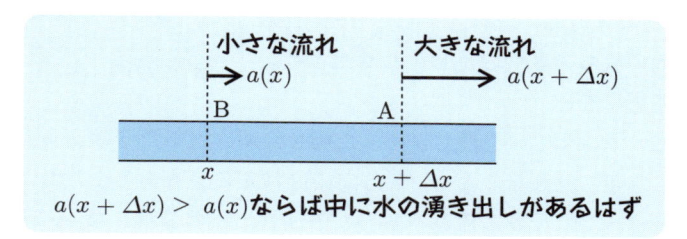

小さな流れ　　大きな流れ
$\to a(x)$　　　　$\longrightarrow a(x+\Delta x)$
B　　　　　　A
x　　　　$x+\Delta x$
$a(x+\Delta x) > a(x)$ ならば中に水の湧き出しがあるはず

この式は，$a(x+\Delta x) < a(x)$ の場合にも成り立つことに注意しよう．この場合，Bで流れ込む水量のほうが大きいので，AB間のどこかで水が吸い込まれていることになる．吸い込みを負の発散だとみなせば式 (1) は正しい．このように発散にも正負があることまで考えれば，あらゆるケースで式 (1) は成り立つ．

次に，**発散密度**という量を定義する．これは，1点における，単位長さ当たりの発散の量である．まず，

$$\text{AB 間の平均発散密度} = \frac{\text{AB 間での発散の総量}}{\text{AB 間の長さ}(=\Delta x)} \tag{2}$$

である．そして，この式で Δx を 0 に近づければ，x での発散密度になる．流れ $a(x)$ の発散密度を $\mathrm{div}\, a(x)$ と書く（div とは divergence（発散）の略であり，ダイバージェンス a と読む）．すると式 (1) と (2) より

$$\mathrm{div}\, a(x) = \lim \frac{a(x+\Delta x) - a(x)}{\Delta x}$$

これは微分の式に他ならない．つまり，

$$\boxed{\text{流れ } a(x) \text{ の発散密度：} \quad \mathrm{div}\, a = \frac{da}{dx}} \tag{3}$$

となる．流れの微分が発散密度になる．

3次元の流れ　　次に3次元の流れを考える．各点での流れには方向があるので，

ベクトルで表される．点 (x, y, z) での流れを

$$\bm{a} = (a_x, a_y, a_z)$$

と書こう．これは，a_x で表される x 方向の流れ，a_y で表される y 方向の流れ，そして a_z で表される z 方向の流れの3つの足し合わせだと考えると話は簡単になる．

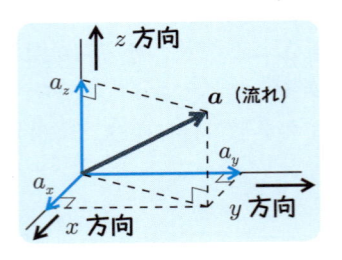

ある領域に湧き出し（発散）があった場合，湧き出した分は x 方向に流れることも，y 方向に流れることも，z 方向に流れることもある．したがって湧き出しの総量は，それぞれの流れからわかる湧き出しの総量になる．そしれそれぞれは，$\bm{a}$ の各成分の微分によって表される．

ただしここで注意が必要である．たとえば流れの x 成分 a_x は，座標 x と時刻 t に依存しうるが，一般には y や z にも依存する．y 座標や z 座標が違えば x 方向の流れも変化しうるからである．したがって，たとえば a_x は詳しく書くと

$$a_x = a_x(x, y, z, t)$$

という4変数の関数になる．したがって，それぞれの変数についての微分は，偏微分の記号を使わなければならない（偏微分とは，他の変数は単なる定数だとみなして，ある特定の変数で微分することであり「∂」を使って表す）．たとえば

$$x \text{方向の流れの発散密度} = a_x \text{の} x \text{での偏微分} = \frac{\partial a_x}{\partial x}$$

となる．3つの方向についてこれらを足し合わせて

$$\text{div } \bm{a} \text{（流れ } \bm{a} \text{ の発散密度）} = \text{各方向の流れの発散密度の合計} \\ = \frac{\partial a_x}{\partial x} + \frac{\partial a_y}{\partial y} + \frac{\partial a_z}{\partial z} \tag{4}$$

となる．

ここまでは純粋に数学の話であった．では，物理の法則であるガウスの法則（法則I）は，具体的にどのように表されるだろうか．

ガウスの法則を発散という言葉を使って書くと

$$\text{ある領域からの電場の発散の総量} = \frac{\text{その領域内部の電荷の総量}}{\varepsilon_0}$$

7.4 微分で表す湧き出しの法則（発散密度）

この両辺を，この領域の体積で割ろう．体積で割った量とは，その領域全体で平均した密度のことだから

$$\text{ある領域での電場の平均発散密度} = \frac{\text{その領域の平均電荷密度}}{\varepsilon_0}$$

次に，この領域を小さくする，つまりこの領域を 1 点に縮める極限を考えよう．140 ページの 1 次元での議論で，AB の距離 Δx をゼロにした極限に相当する．するとこの式は

$$\text{ある位置での電場の発散密度} = \frac{\text{その位置での電荷密度}}{\varepsilon_0} \tag{5}$$

となる．

電場は通常，$\boldsymbol{E}$ と書く．ベクトルなので太文字で書いた．3 成分あり

$$\boldsymbol{E} = (E_x, E_y, E_z)$$

である．また電荷密度は通常，ρ（ギリシャ文字のロー）という記号で表す．これも時刻 t，および位置座標 x, y, z の関数である．これを使って式 (5) を数式で表すと，式 (4) より

$$\boxed{\begin{array}{c}\text{法則 I（ガウスの法則）の微分形：}\\ \operatorname{div}\boldsymbol{E} = \frac{\partial E_x}{\partial x} + \frac{\partial E_y}{\partial y} + \frac{\partial E_z}{\partial z} = \frac{\rho}{\varepsilon_0}\end{array}} \tag{6}$$

これが，マクスウェル方程式の **1 番目**である．

法則 I がわかれば法則 II は簡単である．これは，磁場には湧き出しはないという法則であった．つまり式 (6) の右辺に対応する部分がない．したがって具体的には，磁場のベクトルを

$$\boldsymbol{B} = (B_x, B_y, B_z)$$

として

$$\boxed{\begin{array}{c}\text{法則 II の微分形：}\\ \operatorname{div}\boldsymbol{B} = \frac{\partial B_x}{\partial x} + \frac{\partial B_y}{\partial y} + \frac{\partial B_z}{\partial z} = 0\end{array}} \tag{7}$$

となる．これがマクスウェル方程式の **2 番目**である．

7.5 微分で表す渦の法則（回転密度）

次は渦に関する法則である．流れがあったとき，そこに渦があるかどうか，どのようにしたら判定できるだろうか．流れを矢印で表したとき，矢印が渦巻いていれば，渦があるのは明らかである．しかし渦巻いていない場合にも，渦が隠されていることがある．

例をあげよう．湧き出しの場合は最初は1次元の流れで説明したが，渦は最低限，2次元の流れが必要である．そこでまず，xy 平面上の2次元的な流れを考える．xy 平面上に正方形を考え，その辺上で，流れが図 (a) の矢印のようになっていたとしよう．この正方形の所に流れの渦があることは明らかだろう．では次に，この正方形の渦が，縦に無限に並んでいたとする（図 (b)）．全体としてどのような流れになるだろうか．

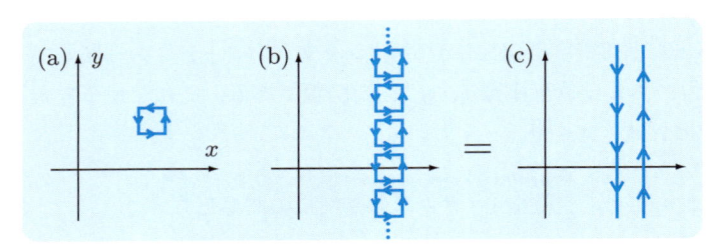

まず，横方向の流れはなくなることに注意しよう．上と下の正方形での流れが逆向きなので，足し合わせれば打ち消し合うからである．渦が縦にしか並んでいないとすれば，縦方向の流れは残り，それを図示すると図 (c) のようになる．

つまり，流れはまっすぐ進んでいる．一見すると渦のようには見えないが，実際には渦が無限に並んだ結果としてこうなっているのである．このような流れでも渦があることがわかる数式を導く必要がある．

そもそも渦とは何だったか．アンペールの法則での渦の大きさとは，閉曲線に沿っての磁場の大きさの合計であった．これは，磁場のこの曲線方向の成分（$B_{/\!/}$ と記す）の，この曲線に沿っての合計（＝積分）である．曲線には向きが決まっており，磁場がその

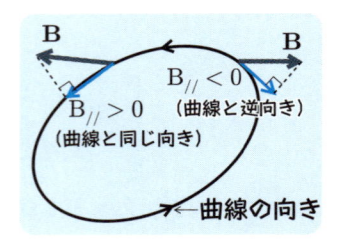

7.5 微分で表す渦の法則（回転密度）

方向を向いていれば $B_{/\!/} > 0$，逆の方向を向いている場合には，$B_{/\!/} < 0$ である．

この考え方を一般的な 2 次元の流れ $\boldsymbol{a}$ に適用する．xy 平面上に流れ $\boldsymbol{a}$ があるとする．$\boldsymbol{a}$ には方向があり，2 成分で表される．

$$\boldsymbol{a} = (a_x, a_y)$$

図の長方形に沿っての，$\boldsymbol{a}$ の渦の大きさを表す公式を求めよう．長方形の向きは左回りだとする．すると，たとえば x 軸に平行な辺 AB 上では，辺に沿っての $\boldsymbol{a}$ とは，a_x のことである．CD も x 方向だが向きが逆であり，辺に沿っての $\boldsymbol{a}$ とは $-a_x$ のことになる．同様に，BC 上では a_y，そして DA 上では $-a_y$ となる．

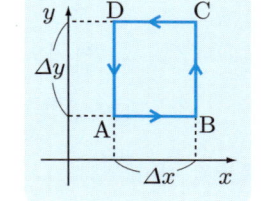

各辺の長さは Δx と Δy である．たとえば AB 上で a_x は変化しうるが，Δx は短いとして，AB 上で a_x は定数だとみなす．しかしすぐ下でわかるように，AB と CD の x 座標の差，BC と DA の y 座標の差は無視できない．a_x も a_y も x と y の関数だが，後で必要になる変数だけを書くと

$$\begin{aligned}
&\text{長方形 ABCD に沿っての } \boldsymbol{a} \text{ の渦の大きさ} \\
&= \text{AB 部分} + \text{BC 部分} + \text{CD 部分} + \text{DA 部分} \\
&= a_x(y)\Delta x + a_y(x+\Delta x)\Delta y - a_x(y+\Delta y)\Delta x - a_y(x)\Delta y \\
&= (a_y(x+\Delta x) - a_y(x))\Delta y - (a_x(y+\Delta y) - a_x(y))\Delta x
\end{aligned} \quad (1)$$

となる．

上の式から，渦は，向かいあっている辺の流れに差があると生じることがわかる．たとえば左ページの図 (c) の場合，流れは平行だが，差があるどころか向きが逆になっている．したがって上の公式で渦を計算すればゼロではない．同様に，7.2 項に図示した電磁波の電場も磁場も，向きは平行だが大きさが変化しているので，渦はゼロではない．

次に，**回転**および**回転密度**という量を定義する．回転とは，流れが回っていることを指す言葉であり，ある領域での渦の大きさのことを指す．そしてそれを領域の面積で割ったものが，その領域の平均回転密度である．たとえば長方形 ABCD での流れ $\boldsymbol{a}$ の平均回転密度とは

長方形 ABCD での平均回転密度 = 式 (1) ÷ ($\Delta x \Delta y$)
　　　　　　　　　　　　　　　　(回転)　　(面積)

$$= \frac{a_y(x+\Delta x)-a_y(x)}{\Delta x} - \frac{a_x(y+\Delta y)-a_x(y)}{\Delta y}$$

この式で，Δx も Δy もゼロに近づければ，点 A での回転密度となる．

$$回転密度 = \lim \frac{a_y(x+\Delta x)-a_y(x)}{\Delta x} - \lim \frac{a_x(y+\Delta y)-a_x(y)}{\Delta y}$$

である（lim とは Δx と Δy を 0 にする極限）．そして微分の定義より

$$流れ\ a\ の（xy\ 平面上での）回転密度：\quad \frac{\partial a_y}{\partial x} - \frac{\partial a_x}{\partial y} \qquad (2)$$

となる．a_y は x で，a_x は y で微分していることが特徴である．

以上は xy 平面上で考えた式だが，それと平行な面上でも同じである．つまり渦の軸が z 方向を向いている場合に使える．軸が x 方向あるいは y 方向を向いている場合は，式 (3) で変数 x, y, z を順番に変えていけばよい．

そして渦の軸がどの座標軸にも平行ではない一般の場合は，それを各方向の成分に分けて考える．まとめて書くと

$$\begin{aligned}
回転密度の\ x\ 成分&：\quad \frac{\partial a_z}{\partial y} - \frac{\partial a_y}{\partial z} \\
回転密度の\ y\ 成分&：\quad \frac{\partial a_x}{\partial z} - \frac{\partial a_z}{\partial x} \\
回転密度の\ z\ 成分&：\quad \frac{\partial a_y}{\partial x} - \frac{\partial a_x}{\partial y}
\end{aligned} \qquad (3)$$

つまり回転密度とは方向をもつ量（ベクトル）であり，その各成分を表す式が上の 3 式である．このベクトルを rot $\boldsymbol{a}$ と書き（rot は rotation（回転）の略）であり，ローテーション a と読む．

次に，この式を，電磁誘導の法則に適用しよう．まず xy 平面上の話に限定すると，この法則は

xy 平面内のある閉曲線に沿っての電場の大きさの合計（回転）

　　= −（その閉曲線で囲まれる面 S をつらぬく磁場の総量（磁束）の変化率）

これを面 S の面積で割れば

　　面 S 上の電場の平均回転密度 = −（面 S をつらぬく磁場の平均変化率）

であり，最後に，面 S を 1 点に縮めて面積をゼロにすれば

7.5 微分で表す渦の法則（回転密度）

ある位置での電場の回転密度 $= -$（その位置での磁場の変化率）

となる．ただし右辺の磁場とは，xy 平面をつらぬく磁場の成分だから，磁場の z 成分 B_z であり，その変化率は $\frac{\partial B_z}{\partial t}$ となる．これを式 (3) の z 成分と組み合わせれば

$$\frac{\partial E_y}{\partial x} - \frac{\partial E_x}{\partial y} = -\frac{\partial B_z}{\partial t} \tag{4}$$

これは電磁誘導の法則の z 成分だが，他の方向については変数を入れ換えて

$$\begin{aligned} x\,\text{方向}: & \quad \frac{\partial E_z}{\partial y} - \frac{\partial E_y}{\partial z} = -\frac{\partial B_x}{\partial t} \\ y\,\text{方向}: & \quad \frac{\partial E_x}{\partial z} - \frac{\partial E_z}{\partial x} = -\frac{\partial B_y}{\partial t} \end{aligned} \tag{4'}$$

この 3 式の左辺をまとめてベクトルと考えたものが rot $\boldsymbol{E}$ なので，まとめて

$$\operatorname{rot} \boldsymbol{E} = -\frac{\partial \boldsymbol{B}}{\partial t} \tag{5}$$

とも書ける．式 (4) の 3 式あるいは式 (5) が**マクスウェル方程式の 3 番目**である．

最後のアンペール-マクスウェルの法則に関しても，数学的には同じである．今度は磁場の回転密度が，電流と，電場の変化率に関係する．言葉で書けば

磁場の回転密度 $= \mu_0 \times$ 電流密度 $+ \varepsilon_0 \mu_0 \times$ 電場の変化率

電流密度は $\boldsymbol{j}$ と書くが，方向をもつ量だから

$$\boldsymbol{j} = (j_x, j_y, j_z)$$

と 3 成分ある．これらを使うと，この法則の各成分は

$$\begin{aligned} x\,\text{成分}: & \quad \frac{\partial B_z}{\partial y} - \frac{\partial B_y}{\partial z} = \mu_0 j_x + \varepsilon_0 \mu_0 \frac{\partial E_x}{\partial t} \\ y\,\text{成分}: & \quad \frac{\partial B_y}{\partial x} - \frac{\partial B_x}{\partial y} = \mu_0 j_z + \varepsilon_0 \mu_0 \frac{\partial E_z}{\partial t} \\ z\,\text{成分}: & \quad \frac{\partial B_x}{\partial z} - \frac{\partial B_z}{\partial x} = \mu_0 j_y + \varepsilon_0 \mu_0 \frac{\partial E_y}{\partial t} \end{aligned} \tag{6}$$

となる．あるいはまとめれば

$$\operatorname{rot} \boldsymbol{B} = \mu_0 \boldsymbol{j} + \varepsilon_0 \mu_0 \frac{\partial \boldsymbol{E}}{\partial t} \tag{7}$$

これが**マクスウェル方程式の 4 番目**である（これらの式をさらにわかりやすく書く方法は付録 C を参照）．

7.6 電磁波の存在

電場・磁場の生成の法則を微分という形で表した．7.2 項に示した電磁波の例は，これらの法則を満たしていることを示そう．

7.2 項の例を再掲すると，式を簡単にするために k と ω を使って

$$E_z = E_0 \sin(ky - \omega t), \qquad B_x = B_0 \sin(ky - \omega t)$$

であった．これらの偏微分のうちゼロでないのは 4 つしかなく，

$$\frac{\partial E_z}{\partial y} = kE_0 \cos(ky - \omega t), \qquad \frac{\partial E_z}{\partial t} = -\omega E_0 \cos(ky - \omega t)$$

$$\frac{\partial B_x}{\partial y} = kB_0 \cos(ky - \omega t), \qquad \frac{\partial B_x}{\partial t} = -\omega B_0 \cos(ky - \omega t)$$

電磁波とは，電荷も電流もない空間を，電場，磁場の波が伝わっていく現象である．したがって，マクスウェルの方程式で ρ（電荷密度）$= 0$, $\boldsymbol{j}$（電流密度）$= 0$ としてよい．以下，4 つの法則を 1 つずつ調べていこう．

法則 I（電場の発散）：7.4 項の式 (6)，ただし $\rho = 0$

すべての項がゼロなので，問題なく満たされている．左辺 3 つの項のうち y 方向に進む波（つまり y 座標に依存する波）にとってゼロでない可能性があるのは $\frac{\partial E_y}{\partial y}$ だが，$E_y = 0$ としたのでゼロになる．言い換えれば，y 方向に進む波では y 方向の電場 E_y はゼロでなければならない．一般に，電場の向きは進行方向と直角でなければならないというのが，法則 I の結論である．進行方向に対して横を向いているという意味で，電場の波は横波であるという（したがって，$E_x \neq 0$ である y 方向に進む波もあると推定される．これについては章末問題 7.17 参照）．

法則 II（磁場の発散）：7.4 項の式 (7)

これもすべての項がゼロなので，問題なく満たされている．法則 I と同様に，法則 II は磁場の波も横波であることを要求する．

法則 III（電場の回転）：7.5 項の式 (4) と (4′)

ゼロでない項が出てくるのは x 成分の式だけであり，

$$\frac{\partial E_z}{\partial y} - 0 = -\frac{\partial B_x}{\partial t} \tag{1}$$

7.6 電磁波の存在

上で求めた具体的な形を代入すれば，cos は共通なので省略すると

$$kE_0 = \omega B_0 \quad \text{すなわち} \quad \frac{B_0}{E_0} = \frac{k}{\omega} = \frac{1}{v} \tag{2}$$

である．波の速さの公式 $v = \frac{\omega}{k}$ を使った（7.1 項）．この式は，磁場と電場の振幅の比が波の速さ v で決まることを示している．

また，式 (1) は E_z と B_x という，直交する方向の電場と磁場の間の関係であることにも注意．もしゼロではない電場が E_x だとしたら，$\frac{\partial E_x}{\partial y} \neq 0$ になるので，z 成分の式（前項式 (4)）より $\frac{\partial B_z}{\partial t} \neq 0$ でなければならない．結局，電磁波では，進行方向，電場の方向，磁場の方向すべてが，互いに直交していなければならないことになる．

法則 IV（磁場の回転）：7.5 項の式 (6)，ただし $j = 0$

ゼロでない項が出てくるのは z 成分の式だけであり，

$$0 - \frac{\partial B_x}{\partial y} = 0 + \varepsilon_0 \mu_0 \frac{\partial E_z}{\partial t}$$

具体的な形を代入すれば，両辺共通の cos を省略して

$$kB_0 = \varepsilon_0 \mu_0 \omega E_0 \quad \text{すなわち} \quad \frac{B_0}{E_0} = \frac{\varepsilon_0 \mu_0 \omega}{k} = \varepsilon_0 \mu_0 v$$

これと式 (2) を比べれば

$$\frac{1}{v} = \varepsilon_0 \mu_0 v$$

これより，電磁波の速度 v が

$$v^2 = \frac{1}{\varepsilon_0 \mu_0}$$

と決まる．右辺は実験によって決まる測定できる量である．そしてそれによって計算された速度 v が，それとは別に測定されていた光速度（約 30 万 km/s）にほぼ等しかったことから，光とは電磁波の一種ではないかとマクスウェルは予想した．実際，現在では光（可視光線）とは，人間の目で感じることのできる波長（約 400 nm から約 800 nm）をもった電磁波に他ならないことがわかっている（1 nm（ナノメートル）は 10^9 分の 1 メートル）．これより波長が長いものが赤外線そして電波であり，また可視光線よりも波長が短いものが，紫外線，X 線そしてγ線と呼ばれるものである．

第 7 章 マクスウェル方程式と電磁波

● 復習問題

以下の [　] の中を埋めよ（解答は 152 ページ）．

☐ **7.1** [①] とは，波 1 つ分の長さ（山と谷を 1 つずつ含む長さ）である．その逆数が [②] で，単位長さに波が幾つ含まれているかを表す．

☐ **7.2** 各位置で波が単位時間に何回振動するかを表す量が [③] である．

☐ **7.3** 波の速度は，波長 × [④]，あるいは角振動数 ÷ [⑤] に等しい．

☐ **7.4** [⑥] とは波の高さ（大きさ）が同じである面であり，[⑥] が平面になる波を [⑦] という．

☐ **7.5** 電場・磁場の発生の基本法則は，それぞれの [⑧] と [⑨] を表す 4 つの法則からなる．

☐ **7.6** マクスウェルが提唱した新しい法則によれば，電場が変化するとき，その方向を軸として [⑩]．

☐ **7.7** x 方向の流れの発散密度は，x 方向の流れの大きさを [⑪] で微分することで得られる．それを 3 方向，加えたものが 3 次元的な流れの発散密度である．流れ a の発散密度を $\mathrm{div}\, a$ と書き，[⑫] と読む．

☐ **7.8** 流れ a の回転密度を $\mathrm{rot}\, a$ と書き，[⑬] と読む．回転密度とは方向をもつ量（ベクトル）であり，その方向は [⑭] の方向である．

☐ **7.9** マクスウェル方程式の 1 番目は，電場の発散密度が [⑮] に比例するという式である．

☐ **7.10** マクスウェル方程式の 2 番目は，磁場の発散密度は [⑯] という式である．

☐ **7.11** マクスウェル方程式の 3 番目は，電場の回転密度が，[⑰] に比例するという式である．これは両辺ともベクトルの式である．

☐ **7.12** マクスウェル方程式の 4 番目は，磁場の回転密度が，[⑱] に比例する項と，電場の変化率に比例する項の和に等しいという式である．これも両辺ともベクトルの式である．

☐ **7.13** 電磁波においては，その進行方向，電場の向き，そして磁場の向きがすべて，互いに [⑲] する．

☐ **7.14** 電磁波の [⑳] はマクスウェル方程式から決まる．

応用問題

☐ **7.15** xy 平面上に次のような流れがある．それぞれの発散密度，回転密度を求めよ．(a) $\boldsymbol{a} = (a_x, a_y) = (kx, 0)$，(b) $\boldsymbol{a} = (ky, 0)$（k は何らかの定数）．それぞれ，下の図を見て，発散密度，回転密度が 0 であるかないかを考えてから実際に計算せよ．計算に使う公式は，発散密度は 7.4 項式 (2) の 2 次元版．回転密度は 7.5 項式 (1) である．

解説：いずれも y 成分は 0 なので，x 方向を向く流れである．(a) では，各点での流れの大きさが，その位置の x 座標に比例する．つまり x 座標が増えるほど大きくなる．y 座標には依存しない．(b) では，y 座標が増えるほど流れが強くなるが，x 座標には依存しない．概略を図示すると以下の通り．

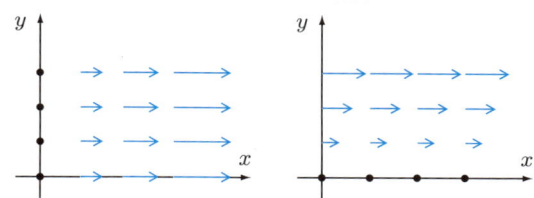

☐ **7.16** NHK 総合のデジタル放送（東京）の周波数は約 557 MHz である．波長を求めよ（Hz（ヘルツ）とは周波数に使われる単位で，s^{-1} に等しい．MHz（メガヘルツ）とは 10^6 Hz）．

☐ **7.17** $E_x = E_0 \sin(ky - \omega t)$，$E_y = E_z = 0$ となるような電磁波を探そう．ただし $k > 0$ とする（つまりこの波は $+y$ 方向に動いている）．
(a) マクスウェル方程式から，0 であってはいけない磁場の成分を見出せ．
(b) その磁場が $B_0 \sin(ky - \omega t)$ という形をしているとして，マクスウェル方程式を満たすための条件を求めよ．

解説：この問題からわかるように，(たとえば) y 方向に進む電磁波には，電場・磁場の方向に関して 2 種類ある．通常の電磁波は両方を含むが，一方しか含まない場合，偏光しているという．

☐ **7.18** 点 (x, y, z) での電場が
$$\boldsymbol{E} = (E_x, E_y, E_z) = (k\tfrac{x}{r^n}, k\tfrac{y}{r^n}, k\tfrac{z}{r^n})$$
という形をしているとする（k は定数）．ただし r は原点からの距離であり
$$r^2 = x^2 + y^2 + z^2$$
この電場の発散密度がゼロ，つまり

第7章 マクスウェル方程式と電磁波

$$\mathrm{div}\,\boldsymbol{E} = \frac{\partial E_x}{\partial x} + \frac{\partial E_y}{\partial y} + \frac{\partial E_z}{\partial z} = 0 \tag{$*$}$$

であるためには，$n=3$ でなければならないことを示せ．

解説：この電場は各点の位置ベクトル (x,y,z) に比例しているので，放射状（原点方向またはその逆向き）かつ球対称である．またベクトル (x,y,z) の絶対値は r なので，$\boldsymbol{E}$ の絶対値は r の $n-1$ 乗に反比例する．つまり $n=3$ だったら，これは原点に点電荷がある場合の，クーロンの法則による電場を表している．式 $(*)$ で右辺が 0 なのは，原点を除けば電荷は存在していないことに対応する．つまりこの問題は，電場が放射状で球対称であるとした場合に $\mathrm{div}\,\boldsymbol{E} = 0$ からクーロンの法則を導けることの証明である．球対称ではない場合は，たとえば電子双極子による電場などが導けるが，この本の範囲を超えた話になる．

復習問題の解答

① 波長，② 波数，③ 周波数（振動数），④ 周波数（振動数），⑤ （角）波数，⑥ 波面，⑦ 平面波，⑧ 発散（湧き出し），⑨ 回転（渦），⑩ 磁場が渦巻く，⑪ x，⑫ ダイバージェンス a，⑬ ローテーション a，⑭ 渦の軸，⑮ 電荷密度，⑯ ゼロ，⑰ 磁場の変化率，⑱ 電流密度，⑲ 直交，⑳ 速度（あるいは磁場と電場の比）

付録 A　ビオ-サバールの法則

4.4 項では直線電流が作る磁場の式を示した．しかし電流は直線とは限らない．ビオ-サバールの法則と呼ばれる，一般の曲線上の定常電流による磁場を求める公式を説明しよう（定常電流とは，常に大きさが一定の電流．定常ではない場合は電磁場の放出が起こり，さらに難しい問題になる）．

図のような曲線電流 I があったとする．それをまず微小部分に分割する．各微小部分，たとえば図の Δx の部分が作る磁場（ΔB とする）は，その部分の接線を軸として渦巻き，大きさは（距離の 2 乗に反比例）

$$\Delta B = \frac{\mu_0}{4\pi} \frac{I \Delta x \sin\theta}{l^2}$$

であるとし，そしてこれを合計（積分）したものが，電流全体が作る磁場であるというのがこの法則である．

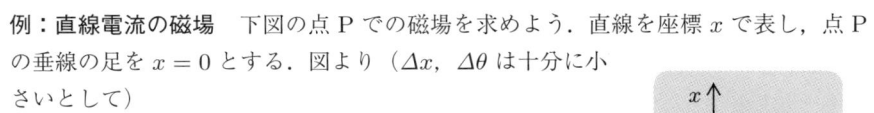

例：直線電流の磁場　下図の点 P での磁場を求めよう．直線を座標 x で表し，点 P の垂線の足を $x = 0$ とする．図より（Δx, $\Delta\theta$ は十分に小さいとして）

$$l \sin\theta = r \quad (\text{すなわち } l = \tfrac{r}{\sin\theta})$$
$$l \Delta\theta = \sin\theta \Delta x \quad (\text{すなわち } \Delta x = \tfrac{r}{\sin^2\theta} \Delta\theta)$$

であることを使うと

$$\Delta B = \frac{\mu_0}{4\pi} \frac{I\left(\frac{r}{\sin^2\theta}\Delta\theta\right)\sin\theta}{\left(\frac{r}{\sin\theta}\right)^2}$$
$$= \frac{\mu_0}{4\pi} \frac{I}{r} \sin\theta \Delta\theta$$

$x = -\infty$ から $x = +\infty$ まで加えることは，$\theta = 0$ から $\theta = \pi$ まで加えることに相当するので，点 P での磁場 $B(\text{P})$ として期待通りの結果が得られる．

$$B(\text{P}) = \frac{\mu_0}{4\pi} \frac{I}{r} \int_0^\pi \sin\theta d\theta = \frac{\mu_0}{2\pi} \frac{I}{r}$$

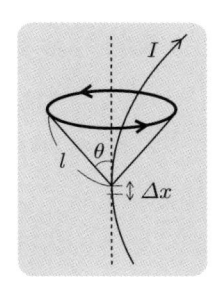

付録 B 内積・外積を使って書く マクスウェル方程式

7.4 項（発散）と 7.5 項（回転）では，4 つのマクスウェル方程式を導いた．どちらもかなり複雑な式である．電場や磁場の，さまざまな変数による偏微分が入り混じっている．しかしこれらは，ベクトルの内積と外積というものを考えるとすっきりとまとまる．そのことを説明しよう．

2 つのベクトル $\boldsymbol{a}$ と $\boldsymbol{b}$ があったとき，それぞれの大きさ（絶対値，つまり $|\boldsymbol{a}|$ と $|\boldsymbol{b}|$）の積に，$\cos\theta$ を掛けたものを**内積**といい，$\boldsymbol{a}\cdot\boldsymbol{b}$ と書く．

$$\text{内積：}\quad \boldsymbol{a}\cdot\boldsymbol{b} = |\boldsymbol{a}||\boldsymbol{b}|\cos\theta$$

ここで必要なのは成分表示した式であり，

$$\text{内積：}\quad \boldsymbol{a}\cdot\boldsymbol{b} = a_x b_x + a_y b_y + a_z b_z \quad (1)$$

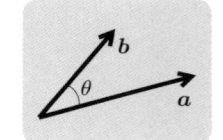

であることが知られている（この式の証明はたとえば，$\boldsymbol{a}$ が x 方向を向いている場合，y 方向を向いている場合，z 方向を向いている場合に，それぞれ正しい結果を与えることを確かめればよい）．

次に，2 つのベクトル $\boldsymbol{a}$ と $\boldsymbol{b}$ の外積だが，これは 4.7 項で説明したように，どちらにも垂直であり，大きさ $|\boldsymbol{a}||\boldsymbol{b}|\sin\theta$（$\boldsymbol{a}$ と $\boldsymbol{b}$ でできる平行四辺形の面積）をもつベクトルである．$\boldsymbol{a}\times\boldsymbol{b}$ と書く．しかしここでも必要なのは，その成分表示である．$\boldsymbol{a}\times\boldsymbol{b}$ を $\boldsymbol{c}$ と書くと，たとえばその z 成分は

$$\text{外積 } \boldsymbol{c} \text{ の } z \text{ 成分：}\quad c_z = a_x b_y - a_y b_x \quad (2)$$

である．この式を納得するために，たとえば $\boldsymbol{a}$ と $\boldsymbol{b}$ とも xy 平面内にあった場合を考えよう．すると

$$\boldsymbol{a} = (a_x, a_y, 0), \qquad \boldsymbol{b} = (b_x, b_y, 0)$$

と書ける．そのときは $\boldsymbol{c}$ は z 方向を向くはずだから，c_z は $\boldsymbol{c}$ の大きさそのものである．したがって，a と b をそれぞれのベクトルの大きさとし，2 つのベクトルがなす角度を θ としたとき

$$c_z = ab\sin\theta = a_x b_y - a_y b_x$$

を示せばよい．実際，ベクトル $\boldsymbol{a}$，$\boldsymbol{b}$ の，x 方向からの角度をそれぞれ θ_a，θ_b とすると

付録 B　内積・外積を使って書くマクスウェル方程式

$$a_x b_y - a_y b_x = (a\cos\theta_a)(b\sin\theta_b) - (a\sin\theta_a)(b\cos\theta_b)$$
$$= ab(\cos\theta_a \sin\theta_b - \sin\theta_a \cos\theta_b)$$
$$= ab\sin(\theta_b - \theta_a) = ab\sin\theta$$

一般の方向を向いているベクトルの場合は，c を z 方向に射影したものが c_z であることなどを考えれば証明できるが，詳しいことは省略する．

z 成分が式 (2) となることを認めれば，他の成分は x, y, z を順番に変えていけば得られる．

外積 c の x 成分：　$c_x = a_y b_z - a_z b_y$

外積 c の y 成分：　$c_y = a_z b_x - a_x b_z$

もう 1 つの数学的準備として，ナブラベクトル ∇ という記号を導入する．

$$\text{ナブラベクトル：} \quad \nabla = (\partial_x, \partial_y, \partial_z) \tag{3}$$

ここで ∂_x は，x で偏微分をするという意味の記号である．たとえば f という関数に掛ければ $\partial_x f = \frac{\partial f}{\partial x}$ である．この記号を使うと，たとえば発散密度の式（7.4 項式 (2)）は ∇ と a の内積に他ならない．

$$\nabla \cdot a = \partial_x a_x + \partial_y a_y + \partial_z a_z = 7.4\text{ 項式 (4) の右辺}$$

同様に，回転密度の 3 つの式（7.5 項式 (3)）は，

$$\nabla \times a$$

の各成分に他ならないことがわかる．

これらを使って，div$E$, rot$E$ などを書き換えれば，4 つのマクスウェル方程式は

$$\nabla \cdot E = \frac{\rho}{\varepsilon_0}, \qquad \nabla \cdot B = 0$$
$$\nabla \times E = -\frac{\partial b}{\partial t}, \qquad \nabla \times B = \mu_0 j + \varepsilon_0 \mu_0 \frac{\partial E}{\partial t}$$

この 4 つの式が，通常，マクスウェル方程式の微分形と呼ばれるものである．

また，**マクスウェル方程式の積分形**というものもあるが，これは 7.3 項で，言葉を使った式で紹介した 4 法則を，積分の式で書き表したものである．ここではその言葉の意味が正しく理解できれば十分である．

付録 C　誘電体と磁性体の理論

1. 誘電体

1.1　分極ベクトル P　分極とは，物質中の正電荷と負電荷がわずかにずれる現象であると説明した（6.1項）．電荷密度 ρ（>0）の正電荷と電荷密度 $-\rho$ の負電荷が距離 d だけずれたとき，大きさ ρd をもつ，ずれた方向を向くベクトルを**分極ベクトル**と呼び，P と書く．

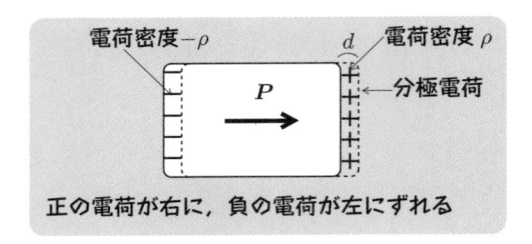

P は物質内の各点で与えられるベクトルである．物質内で場所によって電荷がさまざまなずれ方をすれば P も場所によって変化する．また，物質外では $P = 0$ である．

物質各点でのずれの大きさは，その位置での電場に依存するだろう．その依存の仕方は物質によって異なるが，よく見られるのは比例関係で，それを

$$P = \chi \varepsilon_0 E \tag{1}$$

と書く．このように書くと χ は次元のない数になる．χ を電気感受率という．

1.2　湧き出し　上の図からわかるように，正負の電荷が一様にずれると，ずれた方向の表面に電荷が生じる．分極電荷である．分極電荷の電荷面密度を σ とすると，単位面積当たりの電荷だから ρd に等しく，したがって

$$\sigma = P \tag{2}$$

である（ベクトル P の大きさを単に P と書いた）．上の図からわかるように，P は正の分極電荷に吸い込まれ，負の分極電荷から湧き出す．この湧き出し，吸い込みの大きさを決めるのが式 (2) である．ただしこの式は P の方向が表面に垂直の場合であり，斜めの場合はそれに応じた修正は必要である．

次に，分極電荷での電場 E の湧き出し（吸い込み）を考えよう．面上に面密度 σ の電荷があると，その電荷は両側に $\pm\frac{\sigma}{2\varepsilon_0}$ の電場を作る（2.5項）．合計，$\frac{\sigma}{\varepsilon_0}$ の湧き出し（$\sigma<0$ ならば吸い込み）である．

実際には，この面上以外の電荷による電場もあるので，電場自体の大きさは $\frac{\sigma}{2\varepsilon_0}$ ではないが，そのような電場は面上で不連続には変わらないので，面上での湧き出しが $\frac{\sigma}{\varepsilon_0}$ であることは変わらない．

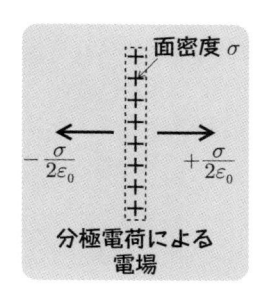

1.3 電束密度 D

次の式で定義される場 D を導入する．

$$D \equiv \varepsilon_0 E + P \tag{3}$$

D は**電束密度**と呼ばれるが，その特徴は，分極電荷が存在する場所での湧き出し（吸い込み）がないことである．E の湧き出しと P の湧き出しが打ち消し合う．D は，分極が起こる前からある「本当の」電荷（真電荷という）からのみ湧き出す．

D は便宜上導入された実体のない場だが，誘電体がある場合の電場の計算に便利である．式 (1) が成り立っている場合には代入すると

$$D = (1+\chi)\varepsilon_0 E$$

また

$$\kappa \equiv 1+\chi, \qquad \varepsilon = \kappa\varepsilon_0 \tag{4}$$

とし，κ をこの物質の**比誘電率**，ε を**誘電率**という．つまり

$$D = \varepsilon E \tag{5}$$

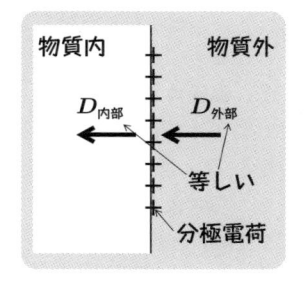

κ や ε は 6.2 項で別の仕方で導入したが，同じ量である．実際，次の図のように物質の表面内外での電束密度を考えると，電束密度は分極電荷の影響は受けないので面の内外で等しい．

$$D_{外部} = D_{内部}$$

したがって

$$\varepsilon_0 E_{外部} = \varepsilon E_{内部}$$

これは式 (4) を考えれば，6.2 項の式 (3) に他ならない．

電束密度のもう 1 つの利用例として，誘電体中に点電荷 q (>0) を置くと周囲に

付録 C　誘電体と磁性体の理論

どのような電場ができるかを考えてみよう.

もし物質が導体だったら,周囲の自由電子が寄ってきて電荷 q を打ち消してしまうだろう.誘電体の場合でも,周囲の誘電体の原子・分子が分極して q を部分的に打ち消して電場を弱くするが,完全には打ち消さない.

> 物質内に置かれた
> 電荷 q (>0 とする)
> 周囲に分極電荷(<0)が生じる

打ち消す程度を求めるには,まず q の周囲の電束密度を考えるとよい.電束密度の湧き出しは分極電荷の影響を受けないので,誘電体がない場合でも同じはずである.すなわち真空中と同じであり,

$$D = \varepsilon_0 E_{真空中} = \frac{1}{4\pi}\frac{q}{r^2}$$

である(大きさだけを示した).したがって物質中の電場は

$$E_{物質中} = \frac{D}{\varepsilon} = \frac{1}{4\pi\varepsilon}\frac{q}{r^2}$$

となる.つまり電場は物質がない場合と比べて,κ 分の 1 になる.

2. 磁性体

この本では物質の磁性は電流で考える,という立場を取ってきた.その立場での磁場を B と記してきた.それに対して,電荷と同様に,仮想上の磁荷(N と S)というものを考え,それによって物質の磁性を考えるという立場もある.その立場での磁場を $\mu_0 H$ と書く.μ_0 を掛けて定義したのは,単なる習慣だと考えてよい.H は「本当の」電流(真電流と呼ぶ...磁化電流ではないということ)の周りを渦巻き,磁荷から湧き出す.

この立場では物質の磁化は,正磁荷と負磁荷が少しだけずれた効果だということになる.したがって,電気の場合の分極ベクトル P と同様のものが定義でき,それを $\mu_0 M$ と書く.M を**磁化ベクトル**という.

磁化した棒内部およびその近辺で,それぞれの場がどの方向を向いているかを図示する.内部では B と M は同方向,H は逆方向である.M は正磁荷に吸い込まれ(負の湧き出し),H は正磁荷から湧き出す.B には湧き出しも吸い込みもない.

付録 C　誘電体と磁性体の理論

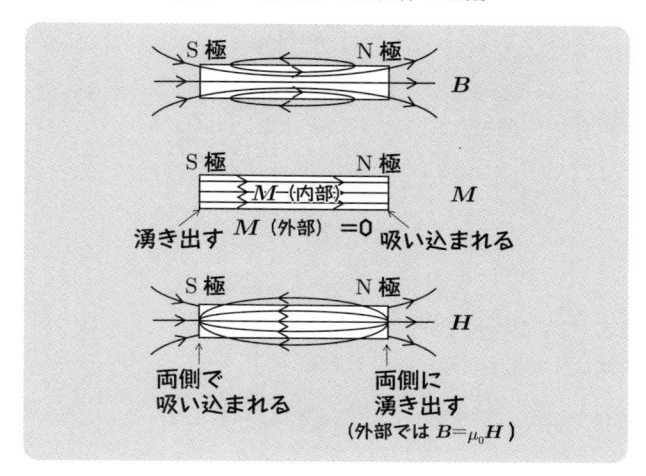

[図: S極・N極を持つ棒磁石の B, M, H の場。上段は B（外部で湧き出す/吸い込まれる）、中段は M（内部のみ、外部 $=0$）、下段は H（両側で吸い込まれる/両側に湧き出す、外部では $B=\mu_0 H$）]

　誘電体の場合，分極電荷での湧き出しのない電束密度という場を導入した．磁気の場合にも，H と M から，磁荷での湧き出しのない場を定義できる．それはまさに B に他ならず

$$B = \mu_0 H + \mu_0 M \tag{6}$$

である（この式の厳密な証明は第 7 章の手法を使ってできるが，ここでは省略させていただく）．

　磁場が H であるという立場では，これは B の定義式であり，B を磁束密度と呼ぶ．また，磁場は B であるという立場では，この式は H の定義式になる．ただしその場合，M は磁荷のずれではなく，磁化電流の大きさを表す量として定義される．実際，たとえば上の図で，M は棒の側面で渦巻いていることに注意．M は棒の内部では側面に平行であり，棒の外部で 0 だが，このような場には渦が隠されていることは 7.5 項を読めばわかるだろう．この渦の軸を磁化電流と考えるのが，本書の立場である．

　分極の式 (1) に対応する式として

$$M = \chi_m H \tag{7}$$

という関係を導入する（下の注も参照）．これが成立しているとき，棒の側面の内外での B を比較しよう．まず側面のすぐ内部では

$$B_{内部} = (1 + \chi_m)\mu_0 H_{内部}$$

また側面のすぐ外部では，$M=0$ だから

$$B_{外部} = \mu_0 H_{外部}$$

磁場が H であるという立場では，棒の磁化による磁場は棒の両端にある磁荷によるものだから，側面で不連続的に変化することはない．つまり

$$H_{内部} = H_{外部}$$

これより

$$B_{内部} = (1 + \chi_m) B_{外部}$$

これが 6.4 項式 (1) に他ならない．つまり式 (7) で定義した χ_m は，同じ記号を使って 6.4 項で定義した磁化率と同じものである．

注 常磁性体では $\chi_m > 0$ なので，式 (7) は，M と H の方向が逆の前ページの図と矛盾していると思う人もいるかもしれない．前ページの図で示したのは，あくまでも，磁化した棒を起源とする場である．棒を磁化させるために必要であった，外部からかける磁場（これは H でも B でも同じ）は含んでいない．常磁性体では，磁化させるためには M と同じ方向に外部から磁場をかけなければならず，それを含めれば棒内部での磁場は（H でも B でも）M と同じ方向を向いている．　　　○

━━━━━ **応用問題解答** ━━━━━

●第2章　※2.1～2.12（復習問題）は46ページ

2.13 1μC（$= 10^{-6}$ C）の電子数は

$$\frac{1\mu\text{C}}{1.6\times 10^{-19}\text{C}} = \frac{1}{1.6\times 10^{-13}} = 6.25 \times 10^{12}\text{（個）}$$

したがって増えた割合は

$$\frac{6.25\times 10^{12}}{6\times 6\times 10^{23}} = 0.17 \times 10^{-11} = 1.7 \times 10^{-12}$$

2.14 図(a)は，電気力線がどちらからも同じように湧き出しているので(i)．図(b)は，上から湧き出し（その半分ほど）下に吸い込まれているので(iii)．図(c)はどちらからも湧き出しているが上からの影響の方が大きいので(ii)．

2.15 上の電荷による電場はx方向を向き，その大きさは$\frac{kq}{d^2}$．したがって

$$\boldsymbol{E}_\text{上} = (\tfrac{kq}{d^2}, 0)$$

下の電荷から点(d,d)までの距離をRとすると

$$R^2 = d^2 + (2d)^2 = 5d^2$$

下の電荷による電場の大きさは$\frac{kq}{R^2}$．したがって

$$\boldsymbol{E}_\text{下} = \tfrac{kq}{R^2}(\cos\theta, \sin\theta) = (\tfrac{kqd}{R^3}, \tfrac{2kqd}{R^3})$$

したがって合成電場はこれらを足し合わせて

$$\boldsymbol{E} = (\tfrac{kq}{d^2} + \tfrac{kqd}{R^3}, \tfrac{2kqd}{R^3})$$

2.16 電場の大きさをE，筒の断面積をSとする．面が垂直の場合は

　　面をつらぬく総量 = 電場 × 面積 = ES

面の傾きがθの場合，その面積S'は，$S'\cos\theta = S$．また面をつらぬく電場（面に垂直な成分）は$E\cos\theta$．したがって

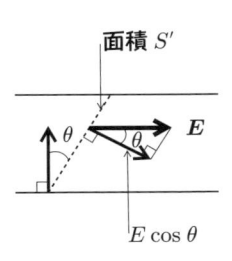

　　面をつらぬく総量 = $E\cos\theta \times S' = ES$

となり，上の結果と同じになる．

2.17 (a) $R^2 = z^2 + r^2$とすれば，片方の電荷$\lambda\Delta z$が作る電場の大きさは$k\lambda\frac{\Delta z}{R^2}$だから，合成電場の大きさは

$$2k\lambda \tfrac{\Delta z}{R^2}\cos\theta = 2k\lambda r \tfrac{\Delta z}{R^3}$$

(b) 問題に与えられた積分公式を使って

$$E = 2k\lambda r \times \tfrac{1}{r^2} = 2k\tfrac{\lambda}{r} = \tfrac{1}{2\pi\varepsilon_0}\tfrac{1}{r}$$

となり，2.5 項の結果と一致する．

2.18 外側の領域 $(r>a)$：電場は，中心に両電荷が集中しているときと同じ．

$$E_{外}(r) = k\tfrac{Q_a+Q_b}{r^2}$$

中間の領域 $(a>r>b)$：外側の球面電荷にとっては内部の領域だから，それによる電場は 0．内側の球面電荷の効果だけを考えて

$$E_{中間}(r) = k\tfrac{Q_b}{r^2}$$

内側の領域 $(b>r)$：どちらの球面にとっても内部なので電場はない．

2.19 外側の領域 $(r>a)$：電場は，中心に両電荷が集中しているときと同じなので，電位も同じであり

$$\phi_{外}(r) = k\tfrac{Q_a+Q_b}{r}$$

これに定数を加えても構わないが，無限遠 $(r=\infty)$ で $\phi=0$ になるという通常の条件を付けて，定数は 0 とする．

中間の領域 $(a>r>b)$：内側の球面電荷の効果だけを考えて

$$\phi_{中間}(r) = k\tfrac{Q_b}{r} + 定数$$

外側の電位はすでに決めてあるので，それにつながるように定数を決める．

$$\phi_{外}(r=a) = \phi_{中間}(r=a)$$

すなわち

$$k\tfrac{Q_a+Q_b}{a} = k\tfrac{Q_b}{a} + 定数$$

これより定数の大きさが決まり

$$\phi_{中間}(r) = k\tfrac{Q_b}{r} + k\tfrac{Q_a}{a}$$

内側の領域 $(b>r)$：電場はないので電位は定数だが，その大きさは隣りの領域からのつながりで決まる．

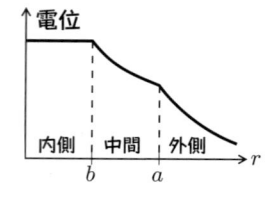

$$\phi_{内}(r) = \phi_{中間}(r=b) = k\tfrac{Q_b}{b} + k\tfrac{Q_a}{a}$$

応用問題解答

2.20 外部では全電荷が中心に集中していると考えられるので

$$\phi_{外}(r) = k\frac{Q}{r} = \frac{1}{4\pi\varepsilon_0}\frac{4\pi a^3}{3}\frac{\rho}{r} = \frac{a^3\rho}{3\varepsilon_0}\frac{1}{r}$$

内部の電位は電場 ($\frac{\rho r}{3\varepsilon_0}$) にマイナスをつけて積分すると

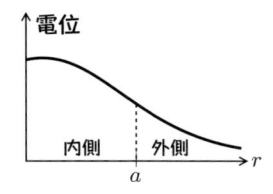

$$\phi_{内}(r) = -\frac{\rho r^2}{6\varepsilon_0} + 定数$$

定数は $\phi_{内}(a) = \phi_{外}(a) = \frac{a^2\rho}{3\varepsilon_0}$ という関係から決まり

$$\phi_{内}(r) = -\frac{\rho r^2}{6\varepsilon_0} + \frac{\rho a^2}{2\varepsilon_0}$$

2.21 この球面を，半径 ∞ から半径 a まで縮めるのに必要な仕事を計算する．この球面は帯電しているので，電荷間の反発力から，広がろうという電気力が働いている．半径 r のときのその大きさは

$$Q \times 球面内外の電場の平均 = \frac{k}{2}\frac{Q^2}{r^2}$$

この電気力にさからって球面を縮めなければならない．そのために必要な仕事が，球面がもつ電気エネルギーになるので

$$電気エネルギー = \int_a^\infty \frac{k}{2}\frac{Q^2}{r^2}dr = \frac{k}{2}\frac{Q^2}{a}$$

この球面をコンデンサーとみなしたときの電気容量は $\frac{a}{k}$ なので（39 ページ），このエネルギーは $\frac{Q^2}{2C}$ に等しい．

2.22 外側の球面が Q，内側の球面が $-Q$ に帯電しているとしよう．その中間の電位は内側の電荷だけで決まるので

$$\phi(r) = -k\frac{Q}{r} + 定数$$

したがって両球面間の電位差 V は

$$V = kQ(\frac{1}{b} - \frac{1}{a}) = kQ\frac{a-b}{ab}$$

したがって電気容量 C は

$$C = \frac{Q}{V} = \frac{ab}{k(a-b)}$$

2.23 42 ページで説明したように外側の球面の外では電位 = 一定 ($= 0$) なのだから，それより内側の全電荷はゼロでなければならない．したがって外側の球面に誘導される電荷は $-Q$ である．2 つの球面の中間の電位は

$$\phi_{中間}(r) = k\frac{Q}{r} + 定数$$

だが，$\phi_{中間}(a) = 0$ という条件から

$$\phi_{中間}(r) = k\frac{Q}{r} - k\frac{Q}{a}$$

したがって内側の球面上の電位は

$$\phi_{中間}(b) = kQ\left(\frac{1}{b} - \frac{1}{a}\right)$$

● 第3章　※ 3.1〜3.7（復習問題）は 66 ページ

3.8 (a) 電位の変化を右回りに考えれば，電源（下から上）では電位上昇．また抵抗では，電流が右回りに流れているとき電位は右回り（上から下）に降下であり，電流が左回りに流れているときは電位は右回りに上昇である．したがって

$$電流が右回り：\quad \mathscr{E} + (-I_右 R) = 0$$
$$電流が左回り：\quad \mathscr{E} + I_左 R = 0$$

この結果，$I_右 = -I_左 (> 0)$ となり，電流が左回りであると考えたとしても，実際に流れている電流は右回りであることがわかる．

(b) 電位の変化を左回りに考えれば電源（上から下）では電位降下．したがって $-\mathscr{E} + I_右 R = 0$. これは右回りに考えた式全体に -1 を掛けた式に過ぎない．

3.9 (a) 電流は $I = \frac{\mathscr{E}}{R}$. したがって抵抗で発生する熱エネルギー（ジュール熱）は $I^2 R = \frac{\mathscr{E}^2}{R}$. これを最大にするには $R = 0$ とすればよい．抵抗が小さいほどジュール熱は大きくなり，結局は無限大になる．

(b) 電位の式は $\mathscr{E} - rI - RI = 0$. しがって $I = \frac{\mathscr{E}}{R+r}$. ゆえに

$$ジュール熱 = I^2 R = \frac{\mathscr{E}^2 R}{(R+r)^2}$$

これが最大になる R を求めるには，この式を微分して 0 とすればよい．

$$上式の微分 = \frac{\mathscr{E}^2}{(R+r)^2} - \frac{2\mathscr{E}^2 R}{(R+r)^3}$$

これが 0 になるのは $R = r$ のとき．これ以上 R を小さくしても，電流が増えるので電源内部での発熱 ($I^2 r$) は増えるが，外部での発熱は減る．

3.10 (a) 3.4 項課題 3 で求めた式は $\frac{1}{r} = \frac{1}{r_1} + \frac{1}{r_2}$ ということだから，$\frac{1}{r}$ は明らかに $\frac{1}{r_1}$ と $\frac{1}{r_2}$ のいずれよりも大きく，したがって r は，r_1 と r_2 のいずれよりも小さい（電池を並列接続することの 1 つの利点は内部抵抗を小さくで

応用問題解答　　　　　　　　　　　　　　　　**165**

きることである）．

(b)　流れる全電流は $I = \frac{\mathscr{E}}{R+r}$．また流れる電流の比率は，課題 3 の I_1 と I_2 の式（ただし $\mathscr{E}_1 = \mathscr{E}_2$）より，内部抵抗に反比例することがわかる．

3.11　回路の左側のループで電位の式を考えると

$$\mathscr{E} - 2IR - IR = 0$$

したがって $I = \frac{\mathscr{E}}{3R}$（右半分がない場合の電流 $I = \frac{\mathscr{E}}{2R}$ よりも小さくなる．右側の電池は，左側の電池の部分に逆向きの電流を流そうとするからである）．

3.12　A のすぐ横の抵抗の右側と B との間の合成抵抗は，課題の解答にも記されている通り，$\frac{5R}{8}$ である．AB 間は，この抵抗と R との直列接続だから，電圧は比例配分され，

$$\text{CD 間の電圧} = \frac{\frac{5}{8}}{1+\frac{5}{8}} \text{V} = \frac{5}{13} \text{V}$$

同様に，CD 間は，抵抗 R と $\frac{2}{3}R$ との直列接続だから（課題の解答の図を参照）

$$\text{EF 間の電圧} = \frac{\frac{2}{3}}{1+\frac{2}{3}} \frac{5}{13} \text{V} = \frac{2}{13} \text{V}$$

3.13　(a)　$I_2 = I - I_1$, $I_4 = I_1 - I_3$, $I_5 = I - I_3$
(b)　左側のループ：（R を省略して書く）$I_1 + I_4 - 2I_2 = 0$ すなわち，$4I_1 - I_3 - 2I = 0$
右側のループ：$2I_3 - I_5 - I_4 = 0$，すなわち，$4I_3 - I_1 - I = 0$
(c)　上記の 2 式を連立させて解けば，$I_1 = \frac{3}{5}I$, $I_3 = \frac{2}{5}I$
(d)　V（AB 間の電位降下）$= I_1 R + 2I_3 R = \frac{7}{5}RI$，すなわち合成抵抗は $\frac{7}{5}R$
(e)　3.6 項の回路で $R_1 = R_4 = R_5 = R$, $R_2 = R_3 = 2R$ の場合に相当する．同項の式 (1) より，合成抵抗 $\frac{7}{5}R$ が得られる（分子は $21R^3$，分母 D は $15R^2$ になる）．

3.14　抵抗両端の電位差とコンデンサー両側の電位差が等しいという条件より $RI = \frac{Q}{C}$．ゆえに $Q = CRI$．

3.15　X という量の単位を $[X]$ と書く．すると

$$[R] = \frac{[V]}{[I]}, \qquad [C] = \frac{[Q]}{[V]}$$

だから

$$[RC] = \frac{[Q]}{[I]}$$

となる．電流の単位は「電荷の単位÷時間の単位」だから，RC の単位が時

間の単位になることがわかる．SI 単位系では電気容量の単位は F（ファラド）抵抗の単位は Ω（オーム）であり，$1\,\mu\mathrm{F} = 10^{-6}\,\mathrm{F}$ だから，$\tau = 1\,\mathrm{s}$ とするには，$R = 10^6\,\Omega = 1\,\mathrm{M}\Omega$（メガオーム）とすればよい．

3.16 電流は $I(t) = \frac{\mathscr{E}}{R}e^{-t/\tau}$ であった．したがって 3.8 項式 (1) より

$$Q(t) = C\mathscr{E}(1 - e^{-t/\tau})$$

となる（$\frac{dQ}{dt} = I$ という式を，$Q(0) = 0$ という条件のもとに解いてもよい）．$Q(t)$ は最初は 0，そして急速に $C\mathscr{E}$ という最終的な値に近づく．

● **第 4 章**   ※ 4.1〜4.11（復習問題）は 90 ページ

4.12 (a) 南向きに置くとは，北向きの場合と比べて輪電流の向きが逆であることを意味する．そのときの各辺に働く力はすべて内向きになる（図参照）．正確に南向きならば力はつり合うが，少しでも傾くと向きが逆転する．

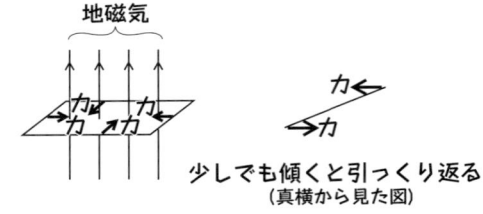

(b) 各辺に働く力は斜め下向き（内向き）になり，合力は下向きになる．これは磁石の S 極どうしの反発に対応する．

4.13 必要な電流を I とすると，条件式は SI 単位系にそろえて

$$\frac{\mu_0}{2\pi}\frac{I}{0.1\,\mathrm{m}} = 3 \times 10^{-5}\,\mathrm{T}$$

したがって

$$I = 3 \times 10^{-5} \times 0.1 \div (2 \times 10^{-7})\,\mathrm{A} = 15\,\mathrm{A}$$

4.14 磁場は面からの距離によらずに $B = \mu_0 \times 1\,\mathrm{A/m} \div 2$，働く力は $F = B \times 1\,\mathrm{A} \times 1\,\mathrm{m} = \frac{4\pi \times 10^{-7}}{2}\,\mathrm{N} \fallingdotseq 6 \times 10^{-7}\,\mathrm{N}$．

4.15 電流分布の軸を中心とし，電流に垂直な，電流をすべて囲むような円にアンペールの法則を適用すれば，電流分布が広がっているか否かは，磁場の大きさには無関係であることがわかる．

4.16 上問より，円筒外部では直線電流 I による磁場と変わりはない．円筒内部の磁場は 0（円筒よりも小さな円にアンペールの法則を適用すれば，電流は円をつらぬかないので $B = 0$ であることがわかる）．

4.17 $\frac{mv^2}{r} = qvB$，したがって $v = \frac{qBr}{m}$．円運動をしているのだから，周期 T は円周 ÷ 速度．つまり

$$T = \frac{2\pi r}{v} = \frac{2\pi m}{qB}$$

周期は速度や半径に依存しない．つまり速度によって円の半径は変わるが，周期は変わらないことを意味する．たくさんの粒子がさまざまな半径で運動していても，周期は同じということである．周期が同じなので，角振動数 $\omega = \frac{2\pi}{T} = \frac{qB}{m}$ も同じであり，これを**サイクロトロン振動数**という．サイクロトロンという粒子加速器にこの原理が使われたことによる．

4.18 4.8 項の記号を使う．起電力は vBl なので電流は $I = \frac{vBl}{R}$．したがって消費電力は $I^2 R = \frac{(vBl)^2}{R}$．一方，電流 I が流れるとそれによるローレンツ力 IBl が，棒にブレーキをかける方向に働く．それと同じ大きさの力で押し続けることによる単位時間当たりの仕事は

$$力 \times 単位時間の移動距離 = IBl \times v$$

上記の I を使えば $I^2 R$ に等しいことがわかる．

4.19 力は電流にも磁場（鉛直方向）にも垂直．しがたって水平横方向である．大きさは IBd．回転方向の成分はそれに $\sin\theta$ を掛ける．QR と SP に働く力は回転軸の方向なので，回転にはきかない．

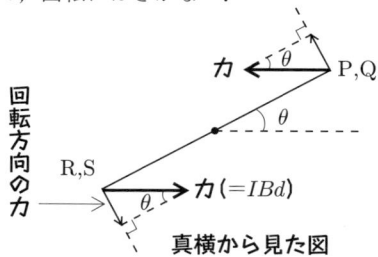

● **第 5 章**　※5.1〜5.10（復習問題）は 114 ページ

5.11 C の方向を図と同じにした場合には，上側が表．上から N 極を近づけると表から裏につらぬく磁場が増えるので，式 (1) の左辺はマイナス．したがって起電力はプラスになり，C と同じ方向に電流が流れて a 側が高電位になる．C の方向を逆向きに定義した場合には，下側が表．したがって式 (1) の左辺はプラス．したがって起電力はマイナスになり，C と逆方向，つまり b から a に向けて電流が流れて，同じことになる．

5.12 上側が表になるように輪の向きを決めたとしよう（上から見て左回り）．コイルを下に動かすと（裏から表につらぬく磁場が増えて）5.1 項式 (1) の左

5.13 電池を逆にすると（上から見て）右回りの電流が増え，上から下につらぬく磁場が増える．すると問題 5.11 で示したように，左回りに電流を流そうとする起電力が発生する．これは電池の起電力とは逆方向である．

5.14 X という量の単位を $[X]$ と書く．$[XY] = [X][Y]$ であることに注意．まず磁場 B の単位は 力 $= BIl$ という公式より

$$[B] = \frac{[\text{力}]}{[I][\text{長さ}]}$$

したがって

$$[\Phi(\text{磁束})] = [B][\text{面積}] = \left(\frac{[\text{力}]}{[I][\text{長さ}]}\right) \times [\text{長さ}]^2 = \frac{[\text{力} \cdot \text{長さ}]}{[I]} = \frac{[\text{エネルギー}]}{[I]}$$

したがって，$\Phi = LI$ と $V = IR$ という式より

$$\left[\frac{L}{R}\right] = \frac{[\Phi]}{[I]} \times \frac{[I]}{[V]} = \frac{[\text{エネルギー}]}{[I][V]} = \frac{[\text{エネルギー}]}{[\text{電力}]}$$

電力とは単位時間当たりに消費されるエネルギーだから，右辺の単位は時間に他ならない．また，問題で与えられたソレノイドのインダクタンス L は（SI 単位系でのインダクタンスの単位は H（ヘンリー）と記す），すべてを SI 単位系に直して計算すると

$$L = \mu_0 \times \text{巻き数}^2 \times Sl = 4\pi \times 10^{-7} \times (1000)^2 \times 10^{-3} \times 10^{-1} \text{ H}$$
$$\fallingdotseq 1.2 \times 10^{-4} \text{ H}$$

したがって $\tau = \frac{L}{R} = 1.2 \times 10^{-4}$ s

5.15 スイッチが a につながっているときは，コンデンサーに $Q = C\mathscr{E}$ の電荷がたまり，b に切り替えた後は，5.6 項の LC 回路になる．切り替えた時刻を $t = 0$ とすれば，そのときの電流は 0．したがって $I(t)$ は cos ではなく

$$I(t) = I_0 \sin \omega_0 t$$

という形になり（I_0 は何らかの定数），したがって（$\frac{dQ}{dt} = I$ より）

$$Q(t) = Q_0 \cos \omega_0 t$$

という形になる．$t = 0$ での条件から $Q_0 = C\mathscr{E}$ と決まり，したがって $I_0 = -C\mathscr{E}\omega_0$．

5.16 $Q(t) = Q_0 \cos \omega_0 t$ とすれば，$I(t) = \frac{dQ}{dt} = -\omega_0 Q_0 \sin \omega_0 t$．また $\omega_0^2 = \frac{1}{LC}$．したがって

$$\text{電気エネルギー} = \frac{1}{2C}Q^2 = \frac{1}{2C}Q_0^2 \cos^2 \omega_0 t$$

$$\text{磁気エネルギー} = \tfrac{1}{2}LI^2 = \tfrac{1}{2}L(\omega_0 Q_0)^2 \cos^2 \omega_0 t = \tfrac{1}{2C}Q_0^2 \cos^2 \omega_0 t$$

したがって，合計は定数 $\left(\tfrac{1}{2C}Q_0^2\right)$ となる．

5.17 電流は $I = \tfrac{\mathscr{E}}{L}t$ なので，コイルにたまる磁気エネルギーは

$$\tfrac{1}{2}LI^2 = \tfrac{1}{2}\tfrac{\mathscr{E}^2}{L}t^2$$

消費電力は $\mathscr{E}I = \tfrac{\mathscr{E}^2}{L}t$ なので，これを $t=0$ から t まで積分すれば，上記の磁気エネルギーに等しくなる．

5.18 抵抗の場合：$I = \tfrac{\mathscr{E}_0}{R}\cos\omega t$ だから，

$$P\,(\text{消費電力}) = \tfrac{\mathscr{E}_0^2}{R}\cos^2\omega t = \tfrac{\mathscr{E}_0^2}{2R}(1 - \cos 2\omega t)$$

$\cos 2\omega t$ は平均すると 0 だから，$P\,(\text{平均}) = \tfrac{\mathscr{E}_0^2}{2R}$ である．これは電圧 $\tfrac{\mathscr{E}_0}{\sqrt{2}}$ の直流の場合と同じ電力である．家庭に供給されている交流の $100\,\text{V}$ というのは $\tfrac{\mathscr{E}_0}{\sqrt{2}}$ の値であり，$\mathscr{E}_0$ は約 $141\,\text{V}$ である（$\sqrt{2} \fallingdotseq 1.41$）．

コイルの場合：$I = \tfrac{\mathscr{E}_0}{\omega L}\sin\omega t$ だから

$$P = \tfrac{\mathscr{E}_0^2}{\omega L}\cos\omega t\sin\omega t = \tfrac{\mathscr{E}_0^2}{2\omega L}\sin 2\omega t$$

プラスになったりマイナスになったり振動し，平均してゼロである．消費電力とは電源が放出するエネルギーだから，エネルギーは電源とコイルの間といったりきたりしていることを意味する．

コンデンサーの場合：$I = -\omega C \mathscr{E}_0 \sin\omega t$ だから，消費電力の平均はやはり 0．電源とコンデンサーとの間でのエネルギーのやり取りに関しては，コイルの場合と同じである．

5.19 直列接続したときは両方のコイルに同じ電流（Iとする）が流れるから，全体での電位降下は $L_1\tfrac{dI}{dt} + L_2\tfrac{dI}{dt}$．これが，まとめて 1 つのコイルだと考えたときの電位降下 $L\tfrac{dI}{dt}$ に等しいとすれば

$$\text{直列接続：}\quad L = L_1 + L_2$$

並列接続したとき，それぞれに流れる電流を I_1, I_2 とすると，電位降下 V が等しいということから

$$V = L_1\tfrac{dI_1}{dt} = L_2\tfrac{dI_2}{dt} = L\tfrac{d(I_1 + I_2)}{dt}$$

これより

$$\tfrac{V}{L_1} + \tfrac{V}{L_2} = \tfrac{V}{L}$$

したがって

$$\text{並列接続：}\quad \tfrac{1}{L_1} + \tfrac{1}{L_2} = \tfrac{1}{L}$$

5.20 $(\cos\theta_1 + i\sin\theta_1)(\cos\theta_2 + i\sin\theta_2)$
$$= (\cos\theta_1\cos\theta_2 - \sin\theta_1\sin\theta_2) + i(\cos\theta_1\sin\theta_2 + \sin\theta_1\cos\theta_2)$$

実数部分,虚数部分それぞれに加法定理を使えば結果が得られる.

5.21
$$\mathcal{E}_0\cos\omega t - RI - L\frac{dI}{dt} = 0$$

電流が $I(t) = I_0\cos(\omega t - \theta_0)$ という形をしているとして代入すると
$$\mathcal{E}_0\cos\omega t - RI_0\cos(\omega t - \theta_0) + \omega L I_0\sin(\omega t - \theta_0) = 0$$

となる.ここで第 2 項と第 3 項の三角関数を,加法定理を使って分解し,
$$A\cos\omega t + B\sin\omega t = 0 \qquad (*)$$

という形に整理すると
$$A = \mathcal{E}_0 - RI_0\cos\theta_0 - \omega L I_0\sin\theta_0$$
$$B = -RI_0\sin\theta_0 + \omega L I_0\cos\theta_0$$

式 $(*)$ がすべての時刻 t で成り立つためには A も B も 0 でなければならない.まず $B = 0$ という式から
$$\tan\theta_0 = \omega\frac{L}{R}$$

となる(これは課題 2 の解答の θ_0 に一致する).したがって
$$\cos\theta_0 = \frac{R}{|Z|}, \qquad \sin\theta_0 = \frac{\omega L}{|Z|}$$

ただし $|Z|$ は課題 2 の解答で定義した量である.これらを使うと $A = 0$ より
$$I_0 = \frac{\mathcal{E}_0}{R\cos\theta_0 + \omega L\sin\theta_0} = \frac{\mathcal{E}_0}{|Z|}$$

となる.

5.22 合成インピーダンスを Z とすれば,並列接続の公式より
$$\frac{1}{Z} = \frac{1}{i\omega L} + \frac{1}{\frac{1}{i\omega C}}$$

これより
$$Z = \frac{i\omega L}{1 - \omega^2 LC}$$

特に ω が固有角振動数 $\frac{1}{\sqrt{LC}}$ に等しいときは Z は無限大になる.つまりこの回路は固有角振動数に等しい角振動数をもつ交流を流さない(**トラップ回路**という).

● 第6章　※6.1〜6.7（復習問題）は 132 ページ

6.11 (a) 微分すると $\mathscr{E}$ になるように決めると，$\Phi_A = \frac{\mathscr{E}_0}{\omega}\sin\omega t$．

(b) 6.7 項式 (4) の I_A を代入すると

$$\Phi_A = L_A\left(\frac{\mathscr{E}_0}{\omega L_A}\sin\omega t - \frac{N_B}{N_A}I_B\right) + L_{AB}I_B = \frac{\mathscr{E}_0}{\omega}\sin\omega t$$

($\frac{L_A}{L_{AB}} = \frac{N_A}{N_B}$ を使った)．$\mathscr{E} \propto \cos\omega t$ と比べて，I_B は同位相，Φ は位相が $\frac{\pi}{2}$ だけ遅れ，I_A は，$\frac{\pi}{2}$ だけ遅れた項と，逆符号の項（π だけ遅れている）の和である．

● 第7章　※7.1〜7.14（復習問題）は 152 ページ

7.15 (a) 流れの方向（x 方向）に向けて流れが大きくなっている．つまり発散がある．しかし並んでいる流れの大きさは変わらない．つまり回転（渦）はない．実際，計算してみると

発散： $\frac{\partial a_x}{\partial x} + \frac{\partial a_y}{\partial y} = k + 0 = k$

回転： $\frac{\partial a_y}{\partial x} - \frac{\partial a_x}{\partial y} = 0$

(b) 流れの方向に向けては流れの大きさは変わらない．つまり発散はない．しかし並んでいる流れの大きさは変わっている．つまり回転がある．実際，計算してみると発散は 0, 回転は

$$\frac{\partial a_y}{\partial x} - \frac{\partial a_x}{\partial y} = 0 - k = -k$$

7.16 波長 × 周波数 = 速度 より

$$波長 = 秒速\,30\,万\,\mathrm{km} \div 557\,\mathrm{MHz}$$
$$= 3 \times 10^{1+4+3}\,\mathrm{m/s} \div (557 \times 10^6)\,\mathrm{s}^{-1} = 約\,54\,\mathrm{cm}$$

（アンテナの長さは半波長，つまり 30 cm 程度が適切となる）．

7.17 (a) 電場の 0 とはならない偏微分は $\frac{\partial E_x}{\partial y}$ と $\frac{\partial E_x}{\partial t}$．これが出てくる式は，第 3 の方程式の z 成分

$$0 - \frac{\partial E_x}{\partial y} = -\frac{\partial B_z}{\partial t}$$

と，第 4 の方程式の x 成分

$$\frac{\partial B_z}{\partial y} - \frac{\partial B_y}{\partial z} = \varepsilon_0\mu_0\frac{\partial E_x}{\partial t}$$

ここでもし $\frac{\partial B_y}{\partial z} \neq 0$ とすると，$\frac{\partial B_y}{\partial t} \neq 0$ となり，第 3 の方程式より $\frac{\partial E_x}{\partial z}$ などが 0 ではならなくなり前提と矛盾する．したがって 0 ではない磁場は B_z である．

(b) $B_z = B_0 \sin(ky - \omega t)$ として上の 2 式に代入すると

第 1 式： $-E_0 k = B_0 \omega$　すなわち　$\frac{B_0}{E_0} = -\frac{k}{\omega} = -\frac{1}{v}$

第 2 式： $B_0 k = -\varepsilon_0 \mu_0 E_0 \omega$　すなわち　$\frac{B_0}{E_0} = -\varepsilon_0 \mu_0 \frac{\omega}{k} = -\frac{\varepsilon_0 \mu_0}{v}$

これより速度 v について 7.6 項と同じ結果が得られる．B_0 と E_0 の大きさの比率も同じだが，ここではいずれかをマイナスにしなければならない．

7.18 微分の練習問題である．基本的な計算の繰り返しだが，見落としがないように注意しなければならない．まず，積の微分公式より

$$\frac{\partial}{\partial x}\left(\frac{x}{r^n}\right) = \frac{dx}{dx}\frac{1}{r^n} + x\frac{\partial}{\partial x}\left(\frac{1}{r^n}\right) = \frac{1}{r^n} + x\frac{\partial}{\partial x}\left(\frac{1}{r^n}\right)$$

変数が 1 つだけしかないので偏微分を使う必要ない所では $\frac{\partial}{\partial x}$ ではなくは $\frac{d}{dx}$ と書いた．次に上式右辺第 2 項を計算するために

$$R \equiv r^2 = x^2 + y^2 + z^2$$

と定義すると，合成関数の微分公式より

$$\frac{\partial}{\partial x}\left(\frac{1}{r^n}\right) = \frac{\partial}{\partial x}R^{-n/2} = \frac{\partial R}{\partial x}\frac{dR^{-n/2}}{dR} = 2x \times \left(-\frac{n}{2}\right)R^{-n/2-1}$$
$$= -nxR^{-(n+2)/2} = -\frac{nx}{r^{n+2}}$$

したがって

$$\frac{\partial}{\partial x}\left(\frac{x}{r^n}\right) = \frac{1}{r^n} - \frac{nx^2}{r^{n+2}}$$

このような結果を 3 つ足すと

$$\frac{\partial}{\partial x}\left(\frac{x}{r^n}\right) + \frac{\partial}{\partial y}\left(\frac{y}{r^n}\right) + \frac{\partial}{\partial z}\left(\frac{z}{r^n}\right) = \frac{3}{r^n} - \frac{n(x^2+y^2+z^2)}{r^{n+2}} = \frac{3}{r^n} - \frac{n}{r^n}$$

これが 0 になるためには $n = 3$ でなければならない．

索 引

● あ行 ●

アンペア（A）　17, 77
アンペールの法則　78
アンペール-マクスウェルの法則　139

位相　100
インダクタンス　96
インピーダンス　108

オームの法則　14

● か行 ●

外積　82, 154
回転　145
回転密度　145
回路素子　104
ガウスの法則　26, 27
角振動数　100
角速度　100
角波数　135
過渡現象　63

起電力　7, 16
逆起電力　97
キャパシター　37, 60
強磁性体　120, 123
共振　111
共振回路　111
極性分子　117
キルヒホッフの第1法則　57

キルヒホッフの第2法則　57

クーロン（C）　17
クーロン電場　95
クーロンの法則　20

原子核　3

合成抵抗　52
交流　100
固有角振動数　111
コンデンサー　37, 60

● さ行 ●

サイクロトロン振動数　167

磁化　120
磁荷　68
磁化電流　122
磁化ベクトル　158
磁化率　123
磁気エネルギー　103
磁極　68
磁気力　72
自己インダクタンス　96
自己誘導　96
磁性体　120
磁束　92
磁束密度　70
時定数　63

索引

磁場　70
周期　100
自由電子　4
周波数　101
ジュールの法則　15
常磁性体　120
消費電力　13
初期位相　101
磁力線　69
真空の透磁率　123
真空の誘電率　119
振動数　101
振幅　100

水流モデル　8
スピン　71

正弦波交流　100
静電気　2
静電遮蔽　41
静電誘導　41
静電容量　60
絶縁体　4
接地　42

相互インダクタンス　129
ソレノイド　69

● た行 ●

端子電圧　50

直列接続　52

抵抗　12, 16, 48
抵抗器　12
抵抗値　16
テスラ（T）　89
電圧　8, 16
電圧降下　51
電位降下　51
電位差　8, 16
電荷　3, 16
電気エネルギー　11
電気双極子　25
電気素量　17
電気抵抗　48
電気容量　37, 60
電気力線　23
電気量　16
電気力　20
電源　6
電子　3
電磁波　134
電磁誘導　92
電磁誘導の法則　92
電束密度　157
点電荷　33
電場　22
電流　6, 16
電力　13, 16
電力量　16

透磁率　123
導体　4
等電位　40

索　引

等電位面　33
トラップ回路　170
トランス　127

● な行 ●

内積　154
内部抵抗　51

● は行 ●

波数　135
波長　135
発散　140
発散密度　141
波面　137
反磁性体　120
半導体　4

ビオ−サバールの法則　153
比透磁率　123
比誘電率　119

ファラッド（F）　60
負荷　12
複素インピーダンス　108
複素電圧　106
複素電流　106
フレミングの左手の法則　73
分極　117
分極電荷　117
分極ベクトル　156

平面コンデンサー　37
平面波　137
並列接続　52

変圧器　127
偏光　151
ヘンリー（H）　168

ホイートストン・ブリッジ　59
ボルタ電池　7
ボルト（V）　17

● ま行 ●

マクスウェル方程式　143, 147
マクスウェル方程式の積分形　155
マクスウェル方程式の微分形　155
摩擦電気　2
マンガン電池　7

右ねじの法則　73

モーター　89

● や行 ●

誘電体　118
誘電分極　117
誘電率　119
誘導起電力　93
誘導電荷　41
誘導電場　95

● ら行 ●

ローレンツ力　82

● わ行 ●

ワット（W）　16
輪電流　74

● 欧字 ●

LC 回路　102

著者略歴

和田 純夫（わだ すみお）

1972年　東京大学理学部物理学科卒業
2015年　東京大学総合文化研究科専任講師 定年退職

主要著訳書

「物理講義のききどころ」全6巻（岩波書店），
「プリンキピアを読む」（講談社ブルーバックス），
「物質の究極像をめざして」（ベレ出版），
「量子力学の多世界解釈」（講談社ブルーバックス），
「ファインマン講義　重力の理論」（訳書，岩波書店），
「ライブラリ物理学グラフィック講義」全10巻（サイエンス社），
「量子力学の解釈問題」SGCライブラリ 161（サイエンス社）

ライブラリ 物理学グラフィック講義＝3
グラフィック講義 電磁気学の基礎

2011年 8月10日 ©　　　初版発行
2023年 9月10日　　　　初版第4刷発行

著　者　和田純夫　　　　発行者　森平敏孝
　　　　　　　　　　　　印刷者　篠倉奈緒美
　　　　　　　　　　　　製本者　松島克幸

発行所　株式会社 サイエンス社
〒151-0051　東京都渋谷区千駄ヶ谷1丁目3番25号
営業 ☎ (03) 5474-8500（代）　FAX ☎ (03) 5474-8900
編集 ☎ (03) 5474-8600（代）　振替 00170-7-2387

印刷　（株）ディグ　　　製本　松島製本（有）

《検印省略》

本書の内容を無断で複写複製することは，著作者および
出版者の権利を侵害することがありますので，その場合
にはあらかじめ小社あて許諾をお求め下さい．

ISBN978-4-7819-1289-9
PRINTED IN JAPAN

サイエンス社のホームページのご案内
http://www.saiensu.co.jp
ご意見・ご要望は
rikei@saiensu.co.jp まで．